零廢棄物生活的
101 種方式

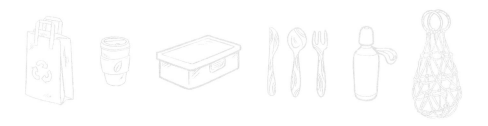

凱特琳·肯洛——著

晨星出版

獻給我的祖母妮娜・瓊斯

目 錄

導論：零廢棄物運動

　　你曾經花時間想過自己製造的垃圾嗎？請花一秒鐘的時間想一下！想想你每天丟掉的東西。想想在家中跟外面產生的垃圾。你每天都會外帶一杯咖啡嗎？你會不時把線上購物的包裝材料丟掉嗎？你的櫥櫃裡面是不是裝滿了一次性餐具？接著，再問問你自己：「這些垃圾都到哪裡去了？」你有想過垃圾離開你家的垃圾桶後會跑去哪裡嗎？垃圾不會忽然間消失；它們通常會被送到垃圾掩埋場。但，背後如果還有更多內幕該怎麼辦？

　　先想想我們要用多少資源才能製造出我們購買的產品以及包裝材料。倘若我們認真思考我們每天接觸的所有物品，你就會發現最好的作法就是少買一點，要良心消費，並盡可能減少我們製造的垃圾量。最終目標是：零廢棄物。

有什麼問題？

　　根據美國環保署的統計數據，平均一位美國人每天會丟棄 4.4 磅（約兩公斤）的垃圾到垃圾掩埋場。我們生活在重視便利性的社會，讓我們常常誤以為所有的問題都可以用便宜、可丟棄的產品來解決，而且這些產品就是註定要丟到垃圾掩埋場。平均來說，每件衣物在遭到丟棄前只穿過七次，塑膠袋在丟棄前只用了 15 分鐘。外帶咖啡杯及紙巾等「便利」的物品皆使用了珍貴的資源，而我們的資源是有限的。地球只能提供一定的資源量。每一年的地球超載日（Earth Overshoot Day）會點出人們在當年度哪一天消耗的資源已超過當年度地球所能負荷的資源量。2018 年的地球超載日是

2018 年 8 月 1 日。換言之，我們在一年的時間內消耗的資源等於當年度地球資源的 1.5 倍。

除了過度消費的問題之外，掩埋場也會產生毒氣。美國有 16% 的甲烷排放來自垃圾掩埋場，跟二氧化碳等一般溫室氣體相比，甲烷造成地球暖化的效果強 30%。因為掩埋場的設計並不適合幫助有機物分解，有機物就只能一直待在原地當廢棄物，並排放甲烷至大氣中。此外，清潔劑、電池、小型電器用品與其他根本不該丟棄到掩埋場的物品也會釋放毒素進入土壤，再跟著雨水流到海洋及地下水中。

還有很多垃圾根本就沒被丟到掩埋場，而是堆在路旁，或在海中跟著海流到處漂流。海洋中有五大環流，基本上完全都是漂流在水中的垃圾。根據艾倫‧麥克阿瑟基金會（Ellen MacArthur Foundation）的資料，到 2050 年，海中的塑膠會比魚還多。塑膠特別危險，因為塑膠不會生物分解，卻會光降解，換言之，塑膠會變得愈來愈小，卻不會消失。根據美國非營利媒體組織 Orb Media 的一份研究，全世界各地的飲用水中都有發現微塑膠粒，美國的飲用水有 94% 都有微塑膠粒。瓶裝水中也有微塑膠粒，所以不要認為喝瓶裝水就可以解決問題—這樣的作法只會使情況更糟糕。

可是我都有回收！

回收很棒，但很遺憾的是，只有回收是不夠的。要回收處理的東西實在太多，而且我們還是不斷在消耗大量資源。回收不是完美的解決辦法。雖然回收是其中的一環，但我們都必須減少對回收的依賴。你知道我們真正回收的塑膠品只有 9% 嗎？很多送到回收廠的東西，美國的回收廠其實並不會處理。他們只會把這些回收品捆

起來，運送到中國。但是從 2018 年年初開始，中國就不再接收汙染率超過 1% 的紙及塑膠。這代表什麼呢？美國現在最好的回收設施，能接受的回收物汙染率是 4%。當我們把不正確的材料包在一起，或材料上殘留任何其他物質，例如：塑膠碗中殘留的食物殘渣，或紙上有油汙，就會產生汙染。我們只要改善自己回收的方式就可以解決這些問題！請參考我寫在第 22 頁的如何像專業人士一樣回收廢棄物。

因為目前的回收危機，我們可以預期未來塑膠的回收率會比過去更低。塑膠跟鋼、鋁和玻璃不同，其實塑膠無法真的回收。你無法把塑膠瓶拿來熔化，再變出新的塑膠瓶。塑膠材質會失去其原來的特性，所以必須變成另一項產品，例如：地毯或毛外套。而利用類塑膠材質，像尼龍、丙烯酸跟聚酯等製作的衣物會對環境帶來新的挑戰：把這類衣物放到洗衣機洗，會釋出微塑膠粒。普利茅斯大學 2016 年的一份研究發現，洗衣機內若擺滿這類衣物，洗一次就會釋出多達 70 萬顆微塑膠粒子到下水道中。

所以這也是為什麼回收一直是放在「Reduce（減少使用）、Reuse（物盡其用）、Recycle（循環再造）」的最後一項。回收無法解救我們。回收不應該是防禦最前線，而是最後的手段。不過，我的意思不是你不該回收垃圾。我只是要強調，你應該要學著做好回收，同時不要過度仰賴回收。

Reduce（減少使用）跟 Reuse（物盡其用）是什麼意思？

美國人花錢買很多實際上不需要的物品。我們喜歡購物，因為買新東西可以讓我們心情好。廣告一直不斷告訴我們要「買、買、買」，所以我們的社會很容易過度消費、過度放縱。大多時候，我

們買了很多用不到的東西，在家中堆積如山。所以當你決定買任何東西之前，請先等等。花一點時間思考你到底是否真的需要這個物品，同時檢視、減少你「需要」的物品，更重要的是，我會跟大家分享一些訣竅，讓你學會如何將這樣的新作法無縫融合到日常生活中。減少我們需要的物品，就可以減少我們最終要丟棄的物品，同時減少我們消耗的資源。你只需要稍微改變自己的日常習慣即可。

　　本書中提供了 101 個如何減少使用與物盡其用的簡單訣竅。依主題來分章節，讓你可以輕鬆找到自己需要的訣竅，不管是在家中或在工作場所、外出旅遊或在商店中，都可以讓自己過上零廢棄物的生活。

何謂「零廢棄物」？

　　零廢棄物的目標，是不要把任何東西丟棄到垃圾掩埋場。減少我們需要的物品，盡可能物盡其用，減少最後必須要回收的物品，並且善用堆肥。

　　這不是什麼創新的作法，而是很古老的作法。這樣的生活方式可追溯到經濟大蕭條期間的生活方式——當時的人重視節約，不浪費一絲一毫。人們不會輕易把東西丟掉。大家會盡可能不斷地重覆使用自己所有的物品。這樣的生活方式跟我們目前這個用過就丟的社會形成很大的對比。有太多人「不需任何理由」，就會將好好的東西丟到垃圾掩埋場。

　　「零廢棄物」也是要重新定義整個體制。我們現在生活在線性經濟中。人類取用地球的資源，用沒多少就把東西丟棄，丟到地上挖的大洞中。零廢棄物的目標是要轉移到仿效自然的循環經濟。與

其把資源丟棄到垃圾掩埋場，不如創造出一個系統讓我們可以不斷重新使用所有的資源。最終目標是未來不會再有任何廢棄物。

「零廢棄物」並不是真的達到零。「零」是目標，但是在現今社會中還做不到。我們需要時間，同時也要大幅改變我們的基礎設施，才能真正達到這個目標。個人、團體、企業與政策都可以朝這個目標邁進。

很多人會把「零廢棄物」跟「零排放」兩者搞混。零排放是很可敬的目標，但零廢棄物的重點是不要製造任何垃圾。當然，我們的生活若能做到零廢棄物，最終也能有助於達到減少排放，因為零廢棄物生活也是讓我們可以永續生活的一環，讓我們朝循環經濟這個迫切的目標邁進。零廢棄物生活要求大家採取行動。用我們的日常生活，發起一場革命，對抗線性經濟的浪費，而且這場革命要從你我開始。

零廢棄物、自然生活、極簡主義，其實都可融為一體

零廢棄物生活是一種框架，是幫助你減少環境衝擊的一些想法，同時也包含一些很受歡迎的框架，例如：自然生活與極簡主義。

企業行銷與廣告讓我們深信所有的消耗品都應該要交給專業人士，不管是清潔用品、美容用品或食品。但我們其實不需要這些實驗室製造的產品。我們可以學著自己做這些產品。

大自然提供我們很多資源，為了讓大自然未來可以永續存在，我們就必須要介入供應鏈中，清楚地知道我們使用的物品來自何處，了解生產糧食與製作這些產品要使用多少資源，並且心存感激。無廢棄物生活幫助我與自然更同調。能夠配合季節變化，善用

本地材料，並且過得半自給自足，是非常美好的一件事。我從小就習慣在家裡自己烹煮食物。孩提時代的我吃得很好，但我家很多蔬菜都是冷凍蔬菜或罐頭食品，我沒什麼烹煮新鮮蔬菜的經驗。配合時令的生活方式在我學習怎麼烹調時，幫了我很大的忙。在農夫市集購買農產品，讓我有機會可以跟農夫談天——並且認識食物的生產者。在雜貨店就沒有這種機會。我學到農夫是怎麼種植作物，以及他們喜歡的料理方式。除了能從農夫市集取得最美味的農產品之外，我還會得到十種不同的料理建議。真的沒有什麼東西能夠比當季農產品更美味。如果是自家後院的農作物更好。

很多的生活髒汙解決方案比你想像的還要容易：一些簡單的原料，例如：小蘇打粉、肥皂、醋以及傳統的手工刷洗，其實就可以清理家中 99% 的髒汙。

在這本書中，我會教你怎麼自己做清潔用品，以及美味又健康的料理，也會告訴你購買清潔、美容與其他產品時要注意什麼。

極簡主義與零廢棄物也共享這些共通的原則。二者都是要求消費者要有自我意識，減少過多消費，學會知足。重點是讓日常生活中只充滿你知道很有用處的物品，讓你非常快樂的物品，其他都不需要。

極簡主義不是數字遊戲。不是把衣櫥裡的衣服減到只剩十件，不是只讓自己擁有少於一百件物品，或讓自己的生活空間縮小到只剩二百平方英呎。而是要找到知足常樂的完全平衡。並且學著因為自己擁有的一切而感到心滿意足。

當你感到心滿意足，就不會因為受到現在的流行趨勢影響，也不會想著要不斷消費，並藉此減少自己使用的資源。極簡主義與零廢棄物的重點都是有意識的生活。極簡主義不是停止善待自己。極簡主義可以解放你，因為你會有時間跟空間，真正聚焦在自己真正熱愛的事物上。

當然可以！

你每天做的決定都會影響這個星球。你可以決定你要帶給地球正面或負面的影響。你怎麼去上班？你怎麼購買自己的雜貨？你吃些什麼？你買些什麼？所有的一切都相互連結。你買的每個物品都像是一張選票，說明你選擇要住在什麼樣的世界。你不只是在選舉時才要投票，而是每次買東西都在投票。

每次只要一小步，就可以大幅縮減自己的足跡。朝零廢棄物邁進，不僅可以有助於環境，也對你有益！你會注意到自己的生活品質大幅改善。比方說，你會吃的更好，感覺更好，省錢，還不用把垃圾拿出去丟。

第一章

改變從這裡開始：
初學者

「知彼知己，百戰不殆；

不知彼而知己，一勝一負；

不知彼，不知己，每戰必敗」

—— 孫子兵法

處理垃圾也要應用相同的智慧。

了解你的垃圾

　　我們要做的第一件事，是先監控自己都丟些什麼。廢棄物監控可以幫助你檢視自己丟棄什麼樣的廢棄物。你要先看看自己的垃圾以及回收垃圾，好了解你都丟掉什麼東西。朝零廢棄物邁進是個人的旅程，所以沒有人人皆適用的處方。透過監控自己的垃圾，可以讓你了解自己的特定需求，提供你一張路線圖，幫助你減少自己的廢棄物。

　　為了要監控你丟棄的廢棄物，請在垃圾桶跟回收桶旁邊放一個夾紙板。把垃圾桶跟回收桶裡面的每樣物品都記下來，若有重覆的物品，就在旁邊結算數量。這張表可以呈現你在哪些方面產生最多垃圾；接著就可以集中注意力，設法解決出現最多次的項目。要控制自己的垃圾量，最好的方式就是先控制自己購買以及帶回家裡的物品（請參考訣竅 2）。廢棄物監控中最常看到的物品是廚房紙巾（訣竅 14）與食品包裝（訣竅 7）。

減少購買

　　減少排放量跟減少垃圾最簡單的方式就是減少消費。我們跟自己購買的物品之間失去連結，所以讓我們買了很多自己不需要的東西。我們需要重新思考。在購買任何東西之前，我都會問自己一連串的問題：這個東西來自哪裡？我用完之後，它又要往哪裡去？它是用什麼材料製作的？是誰製作的？要用多少資源才能製作這個物品？當我們開始把周遭所有物品都視為珍貴的資源，我們對「物品」的觀點與連結就會開始改變。

我應該要買這個東西嗎？

- 你需要嗎？
  - 不是 → 不要
  - 我真的需要。
    - 你每星期會用超過一次嗎？
      - 或許吧？ → 不要
      - 當然會！
        - 這個東西不只一個功能嗎？
          - 只有一個功能 → 不要
          - 這個東西是多功能產品。
            - 這個東西獨一無二嗎？
              - 我已經有類似的物品 → 不要
              - 是原創產品
                - 這個東西可以豐富你的生活嗎？
                  - 不是！ → 不要
                  - 是！ → 是！那就確保這個產品的品質優良。

當你了解到我們要用多少資源、多少功夫才能製作這些珍貴的產品，你就會開始用不太一樣的觀點看世界。因此，在你花錢買另一件不必要的物品前，請先認真的審慎思考。花一點時間——我會建議至少先想 30 天，讓你的新鮮感跟興奮感退燒。你可以仔細思考你是不是真的需要這個東西。

　　　　零廢棄物生活的 101 種方式

3 拒絕吸管

　　美國人平均每天使用 5 億根吸管。你可以簡單地在買飲料時請店員「不要給你吸管」。如果你喜歡用吸管喝飲料，現在有很多可重覆使用的吸管，如：不鏽鋼、玻璃、矽樹脂跟竹製吸管。我個人喜歡玻璃吸管，因為用玻璃吸管喝飲料，吸管本身不會帶有其他的味道。我發現竹吸管跟不鏽鋼吸管有時候會影響飲料的味道。

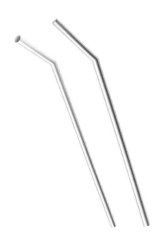

使用可重覆使用的購物袋

對零廢棄物生活的實踐者來說，到雜貨店購物當然要攜帶可重覆使用的購物袋，連思考都不用思考。最難的部分大概是真的記得攜帶購物袋。

如果你常常忘記拿自己的購物袋，你可以選擇買一兩個用來掛在鑰匙圈的小型購物袋。這樣就可以隨時有購物袋使用。

在你離開家門前，先想一下你的一天要怎麼過。你有哪些固定會做的事？你會不會在星期二下班回家的路上到雜貨店買東西？如果你可以找到自己生活的固定模式，就可以提前做好準備。光是想想自己的一天會怎麼過，就可以幫助你減少廢棄物。額外的好處是讓你一整天都感到平和自在。

# 5　水瓶

美國人每年購買五百億個塑膠水瓶。塑膠是石油製品，而光是為了製造塑膠水瓶，每年就要用掉一千七百萬桶原油（這些油一年可以用來為一百萬輛車提供動力）。我們要用 22 加崙（83 公升）的水才能生產一磅（約 45 公克）的塑膠，也就是說要用 3 公升的水才能製作 1 公升的瓶裝水。瓶裝水的足跡高到超越它使用的資源，實際的成本比消費者買瓶裝水花的錢還多一千倍，而且有40% 的瓶裝水根本是用自來水裝瓶。

先澄清，我不是反對瓶裝水。在危難的時候，確實會有必要使用瓶裝水，但大部分的人使用瓶裝水都不是在危難的時候，而是出於懶惰。你的水如果適合飲用，你就該飲用這些水。在美國，自來水的相關法規比瓶裝水更嚴格。如果你不喜歡自來水的味道，那就花錢買個濾水器（或看 57 頁自己做一個！）。長期來說，這樣做可以幫你節省很多錢。

改掉動不動買瓶裝水的習慣，買一個耐用的可重覆使用水瓶。現在選擇很多，我自己喜歡不鏽鋼，因為很耐用。就算掉到地上也不用擔心會破掉，而且產品壽命結束後還可以回收再利用。不鏽鋼可以 100% 回收，而且不鏽鋼回收後還可以再製成不鏽鋼，品質不受影響。

如果你擔心買了水瓶後卻忘了帶，我有幾個建議：

- 買一兩個可重覆使用的水瓶，裝滿過濾後的水，冰在冰箱。這樣你可以很輕鬆的拿了就走。
- 練習口號。在離開家門前，我都會說：「電話、錢包、水、

鑰匙」。這麼一來，我就不用擔心自己口渴時沒水可喝。

- 如果你喜歡帶擺不下水瓶的小包包，我會把不鏽鋼水瓶裝滿，直接放進袋子。完全沒問題……雖然會有人用奇怪的眼神看你，但你不用在意。如果要跟一般人一樣，就無法改變世界。

以下是我很喜歡的零廢棄物生活絕招！我喜歡攜帶一個雙層保冷保溫水瓶。雙層保冷保溫水瓶可以將冷飲保冷，熱飲保溫。如此一來，我出門的時候就可以直接拿我的水瓶來裝咖啡，不需要又帶保溫瓶又帶水瓶，一石二鳥一而且什麼飲料都能裝。

咖啡杯

　　咖啡杯看起來很像無害的紙杯，但這些杯子其實都包覆有塑膠膜，所以根本無法回收。幾乎沒什麼回收機構有機器可以把紙杯上的塑膠與紙杯分開。就算可以，一旦分開後，紙可以回收，但塑膠卻會被丟棄。花費的功夫很多，最後的回報卻很少。

　　外帶咖啡杯上的蓋子更是危險。咖啡杯蓋屬於 6 號塑膠，聚苯乙烯。聚苯乙烯是已知的致癌物且無法回收。（最常見的 6 號塑膠是保麗龍）透過聚苯乙烯杯蓋飲用熱飲實在不太妥當。如果你忘記攜帶可重覆使用的咖啡杯，請店員不要給你杯蓋。在零廢棄物社群，這種作法叫做「上空」。

　　要外帶咖啡，最好的作法是自備飲料杯、保溫瓶或水瓶（如果你在家自己煮咖啡，請參考訣竅 13）當你跟店員點咖啡的時候，讓店員知道你的咖啡杯可以裝幾盎司。店員可以依據這個資料煮咖啡，這樣你就不會不小心多付了咖啡錢，但杯子卻裝不下。我的保溫瓶可以裝 12 盎司，也就是差不多小杯咖啡的量。

　　如果忘記自備杯子，很多咖啡館都會提供內用顧客使用的馬克杯。你只需要開口問。如果你趕時間，可以要求店員幫你把咖啡的溫度調得比較容易入口，這樣你就可以快速幾口把咖啡喝完上路，不用擔心燙到舌頭，也不會產生垃圾。

終極回收指南

　　零廢棄物生活的目標是要減少回收的廢棄物數量，而不是增加，你有聽過這句口號嗎？「Reduce（減少使用）、Reuse（物盡其用）、Recycle（循環再造）。」你應該按照這個順序進行實踐。在我們回收垃圾之前，我們應該要先設法讓垃圾減量，並且物盡其用。這前面的 2 個 R 常常被大家遺忘，因為要採取行動比較沒那麼容易，你要怎麼衡量減少使用與物盡其用？

　　回收很常見，因為回收本身就是一種行動；是一種有形的活動，而人類很喜歡看到實質又立即的成果。比較抽象的概念，像是減少使用跟物盡其用，則比較難吸引我們的注意。企業也很難應用減少使用跟物盡其用的概念來行銷。這兩個概念都會影響企業的損益。你知道什麼行動不會影響企業的損益，同時還可以增加銷售量嗎？回收。

　　波士頓大學進行的一份研究發現，人們如果認為拋棄式產品在使用完畢後可以回收，而不是直接被丟棄到垃圾掩埋場，那他們就會使用更多拋棄式產品。換言之，回收會減輕人們使用拋棄式產品的罪惡感。

　　儘管回收是最後一道防線，在我們朝循環經濟邁進的過程中，回收仍然是很重要的一環。因此，就讓我們把回收做得更好一點吧！

人們對回收有很多迷思。每個城市都能找到各種不同的物品，所以其實很難分清楚什麼東西可以回收，什麼東西不能回收。很多人都想要做好回收，但常常不知道該怎麼做才好。這份指南會接著說明哪些東西可回收。我鼓勵你事先跟在地的廢棄物管理機構確認，或到他們的網站看看，確認這些機構實際上接受哪些可回收的廢棄物。

因為很多所謂的「回收垃圾」都沒有真的被回收。我們應該要確實改善自己的回收習慣，以確保我們可以達到 1% 的汙染率（見第 7 頁），並且設法減少需要回收的廢棄物量。

鋁罐：鋁罐可說是你家垃圾桶內最有價值的物品。鋁罐跟塑膠一樣輕，跟玻璃相比，鋁罐的碳排放量較低，而跟塑膠不同的是，鋁罐百分之百可回收，回收再製後的品質不變。鋁罐可以在短短 60 天內，從路邊的垃圾桶回收再製回到商店賣場。一般來說，鋁罐都用來裝飲料，所以喝完之後，請把罐子倒空，就可以放入路邊的回收箱。不用壓扁。

鋁箔紙：鋁箔紙是可回收再利用的！如果你有鋁箔紙，請用到鋁箔紙快破掉為止。同時，也不要忘記鋁箔派盤或烤盤。把任何留在鋁箔紙上的食物殘渣洗乾淨，再把鋁箔紙晾乾。晾乾以後，把鋁箔紙捲成球，至少直徑要 2 英吋（約 5 公分）。因為如果鋁箔紙球太小，很可能會不見，最後又被丟

到垃圾掩埋場。其他可能沒注意到的鋁箔紙產品包含奶油包裝紙，例如：愛爾蘭的 Kerrygold。另外巧克力塊、巧克力復活節兔跟巧克力蛋的內包裝紙也是鋁箔紙。

瓶蓋：啤酒或汽水玻璃瓶的瓶蓋可能是鋼製或鋁製品。你要先用磁鐵試試看，再把鋼瓶蓋跟鋁瓶蓋分開。你可以把鋼瓶蓋存放在鋼罐中，鋁瓶蓋存放在鋁罐中。把瓶蓋擺進鋼罐頭內，到半滿後，把罐頭蓋放進罐頭中壓住瓶蓋。再把罐頭開口壓一下，確保瓶蓋跟罐頭蓋不會彈出來。接著就可以放入回收垃圾箱。

牛皮紙：牛皮紙屬於可回收的廢棄物，但牛皮紙也可以分解。在回收前，先看看自己是不是還有其他可以物盡其用的方式。153 頁有一些物盡其用的建議。

油紙：油紙或冷凍紙上面都包覆了塑膠，無法回收也無法分解。

紙箱：線上購物盛行，所以每個人家中的紙箱愈來愈多。這些紙箱可以回收。你不需要把膠帶跟標籤撕掉（除非箱子上到處都是膠帶），但你需要把紙箱攤平壓扁。我們應該要先設法減少購買會以紙箱寄送的產品。同時也要盡可能地重覆

使用紙箱。紙箱眞的用到不能用，再拿去回收。

玉米穀片包裝盒：可以直接放到路邊的垃圾回收箱回收。

杯蓋：杯蓋通常是用 6 號塑膠製成。你可能會在回收符號內看到 PS-6 或 6。6 號塑膠通常無法直接回收。第 21 頁有更多與 6 號塑膠有關的資訊。

信封：如果是紙信封，請先把開窗透明塑膠膜移除再回收。在汙染率規定沒那麼嚴格的時候，這些塑膠膜可能感覺不會造成什麼問題，但現在一定要盡可能在回收紙的時候移除塑膠。

玻璃瓶：玻璃可以 100%回收，品質不受影響。很多城市都會回收玻璃。很可惜的是，有些城市會把玻璃壓碎，用來覆蓋垃圾掩埋場。

使用亮光紙的雜誌：雜誌可以回收。但很多藝術家也會用廢雜誌來創作藝術品。看看你回收之前，是否能否把雜誌物盡其用。如果你的雜誌還滿新，請捐給圖書館、醫院候診室、家扶中心或養老院等。

玻璃罐的金屬蓋：義大利麵醬罐或芝麻醬罐等玻璃罐的金屬蓋通常是鋼製的。你可以把蓋子取下來，放進回收垃圾箱回收。這些蓋子夠大，不太會遺失。通常這些蓋子的內層都會有一層薄薄的塑膠膜。因為回收金屬需要高溫處理，這層塑膠膜會被燒掉。（所以再次證明回收不該是第一道防線。）

牛奶盒與果汁盒：牛奶盒跟果汁盒是用紙板製成，再覆上塑膠，通常是聚乙烯。美國各地回收牛奶盒與果汁盒的政策不同。

報紙：報紙可回收也可分解。

紙杯：咖啡杯，跟牛奶盒一樣有塑膠膜。無法分解，在大部分地區都無法回收。要回收咖啡杯，廢棄物處理設施必須購置特殊的機器，把塑膠膜從紙杯上移除。杯蓋使用 6 號塑膠，通常無法回收，但紙板咖啡杯套可以回收！

餐巾紙跟廚房紙巾：纖維太短不適合回收，但可以分解。紙平均大概只能回收 8 次，之後就無法再回收。紙張每次回收再製，纖維就會愈變愈短，所以到回收再製成餐巾紙跟廚房紙巾，纖維已經太短，無法回收再製。

棕色羊皮紙（烘培紙）：任何會沾上食物殘渣或調理油的紙都無法回收，所以通常棕色羊皮紙無法回收，你可以重覆使用好幾次，最後再分解。

義大利麵包裝盒：義大利麵包裝盒可以回收，記得要先把開窗透明塑膠膜移除。如果你購買的義大利麵是 Jovial Foods 這個牌子，他們的包裝盒是使用纖維素製成的透明膜，擺在後院就可以自然分解。

相片：相片無法回收。

披薩盒：披薩盒有點麻煩。一般來說，披薩盒的盒底因為太油膩而無法回收。所以你可能要把盒蓋跟盒底分開。披薩盒的盒底可以分解，盒蓋則可以回收（如果盒蓋沒有沾到什麼油）。

　　紙張只要沾上食物、液體或油脂就無法回收。一個油膩的披薩盒底可能會破壞整捆紙。同時，也請注意你丟進回收垃圾箱的其他物品，以免破壞回收的紙張。

塑膠：要先把塑膠品上沾到食物殘渣或油脂洗乾淨，才不會汙染回收垃圾箱裡的紙。塑膠不用非常乾淨，稍微沖一下就可以有很好的效果。

請務必要注意一下塑膠上會有一個小小的回收符號。這不代表塑膠可以回收，而是塑膠分類標誌。塑膠的回收率其實很低，人類製造的塑膠只有 9% 會回收，因此我們最好還是降低自己對塑膠品的依賴，盡可能使用可重覆利用的物品。一般而言，塑膠符號內的數字愈小，品質愈好，也就是比較可能可以回收。

- **1 號塑膠：**聚對苯二甲酸乙二酯（PETE 或 PET），常用來製作蛋糕盤、冷飲杯以及水瓶。大部分的回收垃圾箱都會收 1 號塑膠。
- **2 號塑膠：**高密度聚乙烯（HDPE）常用於製作清潔劑、洗髮精跟牛奶的容器。通常也可回收。
- **3 號塑膠：**PVC（乙烯樹脂）常用於製作食用油容器、浴簾、透明食品包裝袋、漱口水容器等。3 號塑膠一般無法回收，但請跟在地廢棄物管理公司聯繫確認。
- **4 號塑膠：**低密度聚乙烯（LDPE）通常用於製作麵包包裝袋、購物袋及塑膠膜。通常無法回收。如果你們家附近的回收垃圾箱可以接受，你必須要把所有的塑膠膜都塞進一個塑膠袋中，壓成大概一顆籃球的大小，並且把袋口綁好。如果你們家附近的回收垃圾箱不收，那你可以把乾淨、乾燥的塑膠膜拿到回收站前面，通常他們會收 4 號塑膠以及塑膠購物袋。

- **5 號塑膠**：聚丙烯（PP）通常用於乳酪包裝袋、楓糖漿的容器跟優格容器，而且大部分的回收箱都能回收。
- **6 號塑膠**：聚苯乙烯（PS）跟保麗龍一樣常見。通常用來製作外帶飲料杯的杯蓋、包裝填充物、泡棉塊與外帶食物容器。有一些計劃會回收乾淨的保麗龍再重製成膜，但這樣的回收計劃很少，也很難找。保麗龍沒什麼價值，而且大部分的地區都不回收保麗龍。
- **7 號塑膠**：7 號塑膠是以混合塑膠製成，通常無法回收。

印表機用紙：通常可拿到回收箱回收。

農產品包裝袋：通常農產品包裝袋都是用 2 號塑膠或 4 號塑膠製成，所以可以跟其他塑膠膜一樣，拿到回收站回收。

收據（統一發票）：收據上面包覆了雙酚 A（BPA），無法回收也無法分解。如果把收據放在回收箱，可能會汙染整捆紙，也就是說，廚房紙巾、餐巾紙跟衛生紙等 100％ 可回收的東西到最後都會被雙酚 A 汙染。所以為了避免這種情況，請把收據丟掉！

碎紙：揉過跟有點變形的紙可以回收，但碎過的紙無法回收。碎過的紙，纖維太短，而且碎紙會阻塞機器，汙染其他

回收紙張。有些廢棄物管理有特別的回收紙計劃。每家都有不同的回收政策，所以請務必要按照他們的規定。

碎紙是很好的包裝材料，尤其可以用來包裝易碎品。此外，也可以用來製作堆肥─特別是蚯蚓箱！

鋼罐：超市有90%的罐頭都是鋼罐，而鋼罐可以回收。蕃茄罐頭、鷹嘴豆罐頭或椰奶罐頭都是鋼罐。回收前不需要把紙標籤撕掉；罐頭回收再製時，要用很高的溫度融化再製，所以紙標籤也會被燒掉。不過請在丟進回收箱前先清洗乾淨；如果罐頭裡面還有食物殘留，可能會汙染回收箱裡面的其他物品。

你可以用磁鐵來測一下看你的罐頭是不是鋼製。鋼有磁性；鋁則沒有。回收廠也會用磁鐵來分類金屬：磁鐵會把鋼吸起來，鋁會留在原地。

鋼罐頭蓋：鋼罐頭蓋可回收，但如果你的開罐器無法讓割下來的罐頭蓋邊緣很平滑，請不要把罐頭蓋丟到回收箱。大部分的回收廠還是會請員工幫忙分類回收的廢棄物。所以在你把任何東西丟進回收箱之前，要先自問：用手抓這個東西安全嗎？如果答案是不安全，你就不該把它丟進回收箱。你有兩個選擇：把廢棄物拿到回收站，進行個別分類回收，或把罐頭蓋塞進鋼罐內，再把開口處壓一下，確保罐頭蓋不會彈

出來。

利樂包：利樂包是由六層不同的材質製成，分別是聚乙烯、紙板、聚乙烯、鋁，再加兩層聚乙烯。因為有這麼多層，所以很難回收，但是有些地方還是能回收利樂包。請上網查看。

蠟紙：蠟紙是一種混合紙。紙的外層有包覆蔬菜蠟或石油基石蠟，很難得知是哪一種。如果塗層是蔬菜蠟，在處理中心可分解。雖然在後院的堆肥也可稍微分解，但還是可能會有點問題。塗了石油基石蠟的蠟紙就無法回收，也無法分解。

如果你不確定，請跟清潔隊或回收公司確認一下。

如果你有什麼比較難回收的物品，像是化妝品的包裝、隱形眼鏡或 Brita 的濾芯，都可以電洽各地清潔隊或回收公司詢問回收事項。

購買回收品製成的產品：

我們買東西大概很難沒有任何包裝。請盡可能支持使用回收品製作產品的公司。你必須自問：如果我們都不購買採用回收品製作或包裝的產品，那我們真的算在回收嗎？

第二章

廚房與烹飪

廚房大概是屋裡最多廢棄物的地方。

你要購買每星期的雜貨；

要一天煮三餐。

有很多簡單的替換方式，

可以幫你減少廢棄物。

購買日常雜貨

　　零廢棄物生活方式有很大一部分不是著重於消費了什麼，而是著重你怎麼消費。你有沒有想過每次買東西都會拿到的那一大堆沒有必要的包裝？像是，為什麼要用塑膠包裝小黃瓜或花椰菜？一般都認為塑膠包裝可以讓食物保持「乾淨」、塑膠可以預防食物弄髒，但其實很多食物本來就來自土地、生於土地，本來就會很髒。因為食物不是在實驗室裡製造而成的東西，也不是由三層塑膠包裹的土壤中長出來。

　　如果你本來就很習慣吃天然食品，這一節對你來說就很簡單。如果你很習慣吃加工食品，那你可能會面臨一點挑戰。你可以在 30 分鐘內料理出健康、美味又零廢棄物的餐點擺上桌，但你需要花時間養成這些習慣跟系統。我相信這會是你碰過回饋最棒的挑戰。美好、營養的食物會讓人感覺很舒服。我的意思不是說我都只能吃健康食品。我也會買甜甜圈，但我會拿自己的保鮮盒去裝。我也會叫披薩……但要記得把披薩盒拿去堆肥分解。（請參考第 22 頁的回收完整指南。）

天然食品是什麼？

　　天然食品就是幾乎沒經過加工的食物。他們是食材，而不是事先料理好的食物。

要去哪裡購買沒有包裝的食材？

　　小農市集、肉販、麵包店、有散裝選項的商店、專門店及餐廳等等，都是可以購買無包裝雜貨的好地方。

去小農市集

> 帶什麼：牢固的提袋、幾個布包或網袋，一到兩個結實的容器，例如：梅森玻璃罐或金屬餐盒，好放置莓果等容易被壓壞的東西，蛋盒（你可以購買一整盒蛋，再跟農夫買蛋時，就能把蛋盒拿回去裝蛋），還可以帶個水壺，口渴時可以喝。

　　小農市場滿是新鮮的本地農產品。這些食物都是在本地按季節栽種，而且是販賣前一兩天才摘的新鮮農產品。農作物採收後，養分跟風味就會開始流失，所以從採收到上市的運輸時間愈短就表示農作物的味道跟營養會愈好。香蕉可能是上市前三到四個星期就先採收。採收下來的香蕉是青香蕉，再利用充滿乙烯的控溫室人工熟成。如果要選，你會選擇花三星期人工熟成的水果還是兩天前才從農場採下來的水果？

　　到小農市集採購，也有助於品嘗當季食材。北半球基本上在冬天應該不會有蕃茄。如果你冬季在雜貨店看到蕃茄，這些蕃茄很可能是進口的蕃茄。這種非當季產品的價格會比較貴，還會造成許多不必要的碳排放，而且這些蕃茄已經失去風味跟養分。

　　我會鼓勵你擁抱當季食材。隨著季節吃當季食材有益健康；同時也幫助我們與土地跟大自然更親近。此外，也讓我們深入思考生命周期。草莓季不會一直持續，但草莓明年會再回來。而且總是有其他值得期待的食材。夏天結束時，藍莓季也差不多結束，接著南瓜很快就會上市。

小農市集的很多農產品都不用塑膠，也不貼標籤。如果你在某個攤位上看到某樣想買的東西，但攤商用塑膠包裝，可以問問是不是有其他包裝方式，通常攤商會配合你不要用塑膠包裝的要求。有時候，只需要開口問，不要害怕開口。在我常去的小農市集，有一攤賣蛋，另一攤賣山羊乳酪。這兩個攤商都會回收容器再利用。

　　如果想要尋找住家附近的小農市集，可以上網搜尋，或是參考有與在地農夫簽約的食材快遞到家的廠商。

尋找附近的散裝食品店

帶什麼：一個牢固的提袋、縫得很牢的布包、玻璃罐，還可以帶個水壺，口渴時可以喝。

怎麼找散裝食品店

你一旦開始動手尋找散裝食品店，可能會很驚訝地發現原來有那麼多店家供人選擇。通常只要上網就能搜尋到幾個在家附近的商家。我也強烈建議你出去走走，看看你家附近有沒有新的雜貨店。

有環保意識的雜貨店通常會提供很多無包裝的散裝食品。我曾經在墨西哥或亞洲超市找到無包裝的白米、豆、香料跟豆腐。我也常在健康食品店找到無包裝的烘焙食品、麵跟零食。

怎麼在散裝食品店購物

1. 攜帶像梅森玻璃罐之類的容器。
2. 先秤空容器的重量，記下重量。你可以用馬克筆寫或用手機拍照記錄。
3. 用這個容器裝你想買的東西。
4. 寫下產品的 PLU 四位碼或散裝桶號碼。
5. 拿去結帳。結帳櫃台會整罐拿起來秤重，輸入桶子的號碼，查閱每磅或盎司（公克）的價格，再把罐子的重量扣掉。

就是這麼簡單！我買東西的時候通常不會算包裝重量，因為我都用很輕的網袋裝東西，輕到秤不太出來。如果你要用罐子裝，請

記得先跟雜貨店結帳櫃台的人員或顧客服務部門的人員確認一下，確認他們可以先幫你秤罐子的重量。你絕對不會希望在罐子裝滿零嘴以後，才想到不確定罐子的淨重。

購買堅果或含麩食物時，記得要用可以完全密封起來的袋子，以避免這些過敏物質沾到購物車、地板、產品及輸送帶上，造成其他人過敏。

沒有散裝食品店怎麼辦

　　不是每個人都一定可以找到散裝食品店。如果附近沒有也沒關係。散裝食品店不是零廢棄物生活的必要條件。散裝食品店也不是完全都不用包裝。食品要送到散裝食品店，也要用包裝。沒有人有辦法完全100%零廢棄物，所以盡你的全力就好！如果附近沒有散裝食品店，就盡量找用紙袋、紙板、鋁或玻璃裝的物品，以避免塑膠。同時，你也可以考慮跟散裝食品店採取相同的採購方式。散裝食品店會購買25磅以上的白米及豆子。如果你覺得自己可以全部吃完，不會浪費食物，也可以不用透過中間商，直接購買大包裝。

　　書中所有的食譜都是利用我從散裝食品店或利用可重覆利用包裝購買的食材。我盡可能購買無包裝產品，但有些產品是使用可回收且可分解的包裝。

　　使用可分解包裝的產品有：
* 麵粉
* 小蘇打粉

- 竹牙刷
- 奶油（沒錯！奶油包裝可以分解！）

使用可回收包裝的產品：
- 葡萄酒
- 過敏藥（但是，如果你購買的藥物沒辦法用可回收包裝，就不要管零廢棄物，健康比較重要！）
- 沙拉醬、辣醬等。
- 白醋、雙氧水、其他急救醫療用品。

找肉販

> 帶什麼：一個牢固的提袋、為每種肉或乳酪準備一個耐用的容器，還可以帶個水壺，口渴時可以喝。

　　買肉或買乳酪，我都會找當地肉販。雖然我吃素，但我的家人可沒吃素，雖然他們已經大幅減少吃肉的量。

　　飲食是比較敏感的題目，因為每個人的飲食習慣都不同。我絕對不會告訴其他人要吃什麼，雖然畜牧業是全球氣候變遷的主因之一，而且上游商家會製造很多廢棄物。大部分的美國飲食都仰賴畜牧產品跟穀物。為了降低你的影響，請開始尋找以植物為主或蔬食類餐點。先從蔬食開始，把肉跟乳酪當配角，而不是主食。參與星期一無肉日或周間蔬食日的活動，盡量星期一到星期五都吃素或蔬食。

　　我喜歡跟在地的肉販買肉，因為我知道他們販賣的肉從哪個農場來，也知道動物是否受到善待。我可以跟有機、放養農場買東西，因為碳封存的緣故，他們的碳足跡比大型農場少很多。我買肉跟乳酪的時候會用康寧密扣（Snapware）。康寧密扣是百麗耐熱玻璃製的烘焙皿，附上可扣上的塑膠蓋。肉販會把容器擺在磅秤上之後按「扣重」鍵，這樣容器的重量就會扣掉。肉販會把你要購買的產品裝進容器。由於容器的重量已經扣除，你所要支付的價格，就是產品的價格。

　　我選擇的肉販也販賣熟食，包括三明治用的熟食肉品跟乳酪。一般超市通常也會設置熟食區，你都可以自備容器購買。

拜訪麵包店

帶什麼：牢固的提袋、一個金屬餐盒或大容器來裝有糖霜的烘焙食品，還可以帶個水壺，口渴時可以喝。

誰不愛新鮮的麵包？我住過的城鎮或社區都有在地的烘焙坊。很多超市也有烘培部門。我家附近的麵包店有很棒的系統。在麵包箱旁掛著十幾支夾子。夾子旁邊是一整疊各色托盤。你可以用夾子挑選自己要買的麵包，放在托盤上。托盤裝滿後，就到櫃台結帳。店員會問你要不要用紙袋裝，或者你也可以選擇拿自備容器來裝。

我都用布提袋來裝圓麵包，用大金屬盒來裝肉桂捲或甜甜圈。我會把有糖霜的產品放進堅固的容器，避免糖霜因為放在布提袋而被磨掉。如果自備容器，我常去的麵包店會提供 10% 的折扣。老闆省錢，你也省錢，也避免掉不必要的廢棄物。

為了確保我們能吃到新鮮的麵包，我會把少量麵包，大約是兩天就會吃完的份量，放在陶瓷麵包盒裡存放。我會把剩下的麵包用布包包好，放在冷凍庫。圓麵包從購買當天開始，可以放大約一個月的時間，4 到 5 個星期後就會有凍斑出現。

專賣店與餐廳

> 帶什麼：一個牢固的提袋、原本使用的容器。依據你要購買的
> 物品找適合的容器，還可以帶個水壺，口渴時可以
> 喝。

很多專賣店都有充填服務。通常專賣店都位於市區可愛的文青
商店附近或購物商場、商城跟觀光區內。很多專賣店的位置都不在
主要幹道上，可能要花點時間找。我的經驗顯示這些小商店的店主
都很熱心，但不太會使用網路宣傳。

我到專賣店買什麼：

- 香料
- 橄欖油
- 醋
- 葡萄酒
- 啤酒

這類專賣店會販賣包裝好的產品。用完之後，可以把原本裝產
品的容器洗乾淨，再拿回到店裡充填，店家會給你折扣價。如果可
以找到這類專賣店，你就會一試成主顧，因為產品好，顧客服務也
好。

以我的經驗來說，專賣店賣的橄欖油、醋跟香料會比超市內類
似的產品好，而且相對便宜。啤酒跟葡萄酒的品質也比較好，但會
比較貴。無論如何，我很開心自己可以支持本地經濟。

如果你的社區有本地的啤酒釀酒場，問問看他們是否接受顧客拿打酒容器（growler）來裝啤酒。有些葡萄酒廠跟酒吧會舉辦續酒活動，你可以自備 750ml 的瓶子來裝酒。我常去的酒吧供應他們家獨有的混釀紅葡萄酒時，會使用附陶瓷瓶蓋的玻璃瓶，再加上自家品牌標示。

你在餐廳也能找到特殊的商品。不要先入為主認為餐廳賣的產品會比較貴。平均來看，我發現在餐廳買到的產品跟在超市購買相比，價格差不多，甚至比較便宜，而且品質會比較好，因為這些產品都是當日製作，不像賣場的產品可能已經放在架上好一段時間。

我會跟本地的墨西哥餐廳或墨西哥捲專賣店（tortilleria）買墨西哥玉米烙餅、墨西哥玉米片，有時也會買莎莎醬。我也會跟本地的披薩店買披薩麵糰。我會走進店裡，詢問可不可以使用自備容器。目前還沒有人拒絕過我。

價格比較表（美元）

物品	餐廳	超市
25 片（8 英吋／約 20 公分）的墨西哥玉米烙餅	2.00 美元	6.00 美元
1 袋墨西哥玉米片	2.5 美元	3.5 美元
大披薩的麵糰	3.00 美元	3.00 美元

咖啡跟茶

早上沒有咖啡因不行？

Keurig 跟其他膠囊咖啡機相比價格昂貴，咖啡品質又不佳，而且還製造一大堆塑膠垃圾。即使 Nespresso 提供可回收膠囊，仍然沒辦法解決問題，因為這些膠囊必須透過商店回收（路旁常見的回收箱不適用）。記住，零廢棄物的重點是要減少需要回收的廢棄物，而不是增加需要回收的廢棄物。

而且，這些小小的膠囊不只對你的健康不利，對地球的健康也不利。想想看，熱水沖進 7 號塑膠製成的 K-Cup 膠囊，不但無法回收，也無法保證不含內分泌干擾素。

如果你很喜歡自己的膠囊咖啡機，可以購買可回填的 K-Cup 膠囊，自己裝磨好的咖啡粉。額外的好處是，買咖啡粉比買膠囊便宜很多。

> 荷爾蒙干擾素會影響我們的荷爾蒙。這些干擾素會使人體某些荷爾蒙過度分泌或分泌不足，干擾人體自然的溝通系統。（訣竅 24）提供更多與內分泌系統有關的資訊。

滴濾式咖啡：滴濾式咖啡多年來廣受歡迎。我見過的滴濾式咖啡機都有可沖洗的濾網，所以不需要使用濾紙。如果你家的滴濾式咖啡機需要使用濾網，你可以購買可回收的濾網，或購買未經漂

白的濾紙，用完之後可以直接跟咖啡渣一起分解。

蒸餾咖啡機：我使用的蒸餾咖啡機每次可煮一杯咖啡，就跟 Keurig 一樣，但不用浪費膠囊。有些蒸餾咖啡機甚至還可以磨咖啡豆，再直接煮咖啡。再加一根奶泡器，你就可以自己煮拿鐵，而且不會像咖啡廳那麼貴。

這個設計唯一會產生的廢棄物是清潔咖啡機用的除垢劑。你可以購買以可回收塑膠容器裝的液體除垢劑。回收當然不是最理想的作法，但至少能繼續使用現有的器具。定期除垢、清潔、保養咖啡機，可以讓你朝零廢棄物生活再邁進一大步。長期來說，這樣的作法可以減少廢棄物，因為你使用的是已經進入廢棄物流的資源，而且正在盡可能延長這些資源的使用壽命，減少對新資源的需求。

高品質的蒸餾咖啡機可以用很久，而且也可以維修保養。在買新物品時，請記得要選擇壞掉之後可以維修的產品。可惜的是，Keurig 膠囊咖啡機無法維修。這類產品一開始的設計就是要使其很難維修或維修費很貴，如此一來，一旦壞掉你就得買新的。這是所謂的計劃性報廢。企業用這樣的手法強迫你購買新產品，增加銷售額。這是線性經濟許多缺點的其中之一。

手沖咖啡：手沖咖啡會使用玻璃或陶瓷濾杯。你可以配合使用鋼製濾網或可重覆使用的布製咖啡濾網。把磨好的咖啡豆放在濾網上，再緩緩注入熱水。手沖咖啡的風味很好，又不會製造廢棄物。

法式濾壓壺：我用法式濾壓壺泡咖啡跟泡茶葉。我的法式濾壓壺有玻璃壺、不鏽鋼框跟不鏽鋼濾網蓋。我都會把兩匙現磨咖啡粉放進玻璃壺，再倒入一杯滾燙的熱水，然後讓咖啡在裡面浸泡 4 分鐘，再把網蓋往下壓，固定好咖啡渣再倒出一杯美味的咖啡。我

喝完之後，會把咖啡渣拿去做堆肥，或是拿咖啡渣來去角質。

> 在你把咖啡渣拿去當堆肥前，可以先用來做可以幫你恢復
> 活力的去角質霜。請見（訣竅 45）。

茶：現在很多茶包都含有塑膠。沒錯，你泡茶的同時也在泡聚
丙烯。所以，盡量用濾茶器或法式濾壓壺泡茶葉。

14 廚房紙巾

　　請用茶巾或抹布取代廚房紙巾。可以尋找梭織棉布、因爲吸水效果較好，不會只是把水推來推出。

　　棉布開始起毛之後，就拿來當抹布。等到最後無法使用，棉布可以自然分解。我不建議大家使用微纖維毛巾，因爲這種毛巾其實是塑膠，跟其他塑膠紡織品（包括聚酯、壓克力纖維布、彈性纖維、嫘縈跟尼龍）一樣，清洗時都會釋出塑膠微粒進入下水道。請使用天然織品。如果你眞的很喜歡微纖維毛巾，建議購買環保洗衣袋（Guppy Bag），因爲這種洗衣袋可以把清洗過程中釋出的塑膠微粒留在袋中。最好的作法還是不要太常洗微纖維毛巾，並且在適當時機用天然纖維替代。

　　飯後清理：不要拿廚房紙巾來清理。先把所有的殘渣掃進水槽，或掃進你的手掌。如果殘渣黏黏的，就用濕抹布擦乾淨。

　　窗戶跟玻璃：要讓玻璃窗亮晶晶其實不需要使用廚房紙巾。訣竅是持續擦窗戶或鏡子，直到窗面或鏡面變乾，擦痕也會消失。我也聽說過，用報紙擦窗戶的效果很好！

　　油脂：如果鍋子裡面殘留了一些油，看油量多寡，我可能會直接拿來炒菜，或把油倒進梅森玻璃罐，之後再拿來用。如果油量很少，我就會用這些油來養鍋，或拿一小塊麵包把油都吸起來。吸了油的麵包可以切成小塊，做成脆麵包丁，或是拿去工業堆肥設施

中分解。

如果你在煎培根這種食物時，喜歡先用廚房紙巾把食材表面油脂擦乾，可以試試替代方式：把培根放在冷卻架上，底下放一個烤盤或烘焙紙，就可以接住所有滴下來的油脂。

把農產品或肉品的表面水分吸乾：在你洗完農產品後，用布巾，不要用廚房紙巾來吸水。肉就比較麻煩。你可能常常聽到主廚說，肉品在煮之前要先把表面水分拍乾。我不會把肉的表面拍乾，而是會把肉直接放在冷卻架上，底下放一張烘焙紙，放在冰箱裡至少幾個小時，但最好可以放到隔天。這會讓肉的表面比較乾燥，煮了以後皮會比較脆，也不需要用到廚房紙巾。

噁心的東西：要清理嘔吐物、泥巴或壓扁的食物，我會使用布毛巾，再拿到水槽沖洗。我會手洗毛巾，洗好之後掛起來晾乾。不過我了解，你可能就是為了不想讓這些東西沾到手，才會在廚房擺廚房紙巾。所以請在用完之後，把廚房紙巾拿去堆肥分解，並且盡量少用。

鋁箔紙

經過一段時間完全不使用鋁箔紙之後，我發現其實真的不需要鋁箔紙。

鋪在烤盤上：我現在不用鋁箔紙鋪烤盤，而是直接用烤盤。洗烤盤其實不難，如果有油垢刷不掉，我會用竹製鍋刷，通常幾秒內就會刷乾淨了。如果你還是想用東西鋪在烤盤底部，可以考慮矽膠烤盤墊。矽膠烤盤墊是廚房的萬用工具，我常常拿矽膠烤盤墊來擺放冷凍食品，而不是拿來烘焙。

避免東西烤焦：以前我為了感恩節烤派或烤火雞時，都會拿鋁箔紙蓋在某些部位，以免烤焦。但現在其實有派餅烤模可以保護派皮不會烤焦，至於烤火雞，我發現其實可以直接把一個 9 英吋（約 23 公分）的蛋糕模倒扣蓋在火雞胸的部位就好。剛剛好！

包裝食物：有時候，我會用鋁箔紙來包一些形狀比較不規則的食物，像是一塊派或一塊披薩。鋁箔紙可以完全配合食物的形狀。包好之後我會把食物冰進冰箱。現在我如果要包裝形狀比較不規則的食物，我會用蜂蠟保鮮膜或直接擺進密扣玻璃保鮮盒。（第 59 頁有密扣玻璃保鮮盒的介紹。這是我個人最喜愛的玻璃保鮮盒，可以取代塑膠特百惠保鮮盒。）

塑膠保鮮膜

我過去就不太喜歡塑膠保鮮膜，而且我家其實用不太到塑膠保鮮膜。

用來蓋住麵糰等麵糰發酵：我常常看到很多人會用塑膠保鮮膜蓋住麵糰，等麵糰發酵。其實不需要用塑膠保鮮膜蓋住碗，直接用茶巾蓋住碗就好。

包覆食物，之後再吃：如果你有剩菜，我也看過有人會用塑膠保鮮膜蓋住碗或盤，之後再拿出來吃。

- 如果你用的是碗，你可以直接用盤子蓋在上面。
- 你也可以用蜂蠟保鮮膜蓋住盤子。
- 或者也可以把食物放入梅森玻璃罐或保鮮盒。（請看訣竅20——我一向都用密扣玻璃保鮮盒，因為玻璃比塑膠安全。）

帶食物去參加派對：與其用塑膠保鮮膜來包覆食物，不如看看是否可以拿幾個附蓋的攪拌缽或派對盤來用。

蜂蠟保鮮膜怎麼做？

　　找一塊跟床單差不多厚、差不多密的棉布。舊床單或舊枕頭套就很好用！把床單剪成：14 英吋 ×14 英吋（35 公分 ×35 公分）的布，可以蓋住碗跟三明治，24 英吋 ×17 英吋（60 公分 ×43 公分）則可以蓋住麵包。

　　以隔水加熱的方式，融化一小碗蜂蠟。蜂蠟融化之後，倒一點點到棉布上。用刷子或矽膠刮勺，把蜂蠟平均塗抹到布料兩邊。

　　把布料晾在曬衣繩上，布料兩邊都要通風。蜂蠟乾了以後就可以拿來用！不要把蜂蠟保鮮膜放入洗碗機或用熱水洗，避免蜂蠟可能會融化。

　　在洗刷子、刮勺、碗或其他用來處理融化蜂蠟的工具時，要用滾水洗！蜂蠟是有名的難清理，小心不要燙到自己。

17 要怎麼做才能不用塑膠來保存食物，還可以盡量維持食物新鮮

　　美國人浪費大約四成的食物，一年浪費掉的食物可以餵飽 6 千萬人，但我們卻把這些食物丟到垃圾掩埋場。有機垃圾佔了垃圾掩埋場中六成的廢棄物，而且美國的甲烷排放有 16% 是因為有機垃圾。

　　如果這還不夠足以你好好思考自己到底該在超市買什麼東西，美國家庭每年平均丟掉價值 2,275 美元的食物。要避免浪費食物，你有兩件事可以做：

- 在到超市之前，請先檢查家裡有哪些食物，規劃怎麼用這些食物來準備餐點。我們在（訣竅 25）會深入談餐點的烹調。
- 請確保你可以妥善保存農產品的新鮮度。

如何保存農產品

需存放在涼爽、黑暗、乾燥的地點。

　　香蕉：把整串香蕉分開，個別存放。
　　大蒜、洋蔥：遠離馬鈴薯。
　　馬鈴薯跟地瓜：遠離洋蔥。
　　青蔥

　　先放在室溫熟成，再放入冰箱。這些農產品不需要以特別的方式存放，可以放在架上或放在冰箱保鮮室。

杏桃	百香果
酪梨	桃子
芭樂	西洋梨
奇異果	柿子
芒果	鳳梨
西瓜	菜用香蕉
油桃	李子
木瓜	蕃茄

冰在冰箱

朝鮮薊：在上面噴一點水，存放在碗中。蘆筍：立在裝了水的水杯中。

甜菜：把綠葉切掉，削皮，切好，放進梅森玻璃罐等密封容器。甜菜葉跟菠菜一樣，要煮之前再洗。不要把切塊的甜菜擠在一起。

莓果：用密封梅森玻璃罐存放。

西洋椒：切成條狀或小丁，存放在密封梅森玻璃罐。或整顆存放，不要擠在一起。

青花椰菜：放置在冰箱保鮮室，不要擠在一起。

抱子甘藍：存放在密封梅森玻璃罐。

甘藍／高麗菜：放置在冰箱保鮮室，不要擠在一起。

胡蘿蔔：半浸在裝了水的水杯中。每兩到三天換一次水。

白花椰菜：放置在冰箱保鮮室，不要擠在一起。

芹菜：用茶巾包起來，放在冰箱保鮮室。

櫻桃：放置在密封梅森玻璃罐。

玉米：不要去掉玉米皮，放置在冰箱保鮮室。

小黃瓜：放置在冰箱保鮮室，不要擠在一起。也可以先切好放在密封梅森玻璃罐。

茄子：放置在冰箱保鮮室，不要擠在一起。

無花果：用茶巾包好。

葡萄：先放在碗中，再放在架上就好。

四季豆：放置在冰箱保鮮室，不要擠在一起。

青蔥：豎直放在水杯中。

羽衣甘藍：切好放在密封梅森玻璃罐或放在大的攪拌缽，蓋上蓋子。要吃之前再洗。

韭菜：放置在冰箱保鮮室，不要擠在一起。

萵苣：切好放在密封梅森玻璃罐或攪拌缽內，蓋上蓋子。要吃之前再洗。

洋菇：放在碗中，不要蓋住，放在架上就好。

豌豆：放在密封梅森玻璃罐中。

白蘿蔔：把綠葉切掉，切塊，放在梅森玻璃罐等密封容器中。切下來的綠葉可以拌沙拉，吃之前再洗。存放時，不要放得太擠。

大黃：用茶巾包起來。

菠菜：先切好，放在梅森玻璃罐等密封容器或攪拌缽內，蓋上蓋子。要吃之前再洗。

大頭菜：存放在密封梅森玻璃罐。

櫛瓜：放置在冰箱保鮮室，不要擠在一起。

要吃之前再洗！特別是莓果類。

綠色蔬菜用餐巾布包起來，吸引不必要的水分。

容易腐敗的食物先吃，比較可以擺的農產品就盡量在一星期內吃完。

濾水

有時候，你居住的地方可能自來水嚐起來不太好喝。幸好現在已經有不用塑膠也可以輕鬆濾水的方式。當然，如果你已經有塑膠濾水器，就繼續使用，用到不能用為止。

濾水器的濾芯最主要的成分是活性碳，也就是活性木炭，所以你也可以購買活性木炭棒。顧名思義，活性木炭棒就是木炭棒，因為已經完全乾燥，所以會有很多孔洞。我用紀州炭，因為他們用紙包裝。

活性木炭可以自然吸附毒素，多孔洞的表面會把毒素困在木炭中。活性木炭可以去除水銀、氯、銅以及鉛，但無法去除氟化物。氟化物分子太小，木炭吸不住。每個月一次，把木炭拿起來，放到水中煮沸，以釋放毒素。端看你的使用頻率，木炭棒可以使用四到六個月。

我會把水存放在一個舊的玻璃牛奶瓶中，再把木炭棒放進去。你也可以使用任何有蓋的玻璃水瓶。先用自來水把水瓶裝滿，再把木炭放進去，一到兩小時後，水就過濾完成了。我都直接把木炭擺著，不會再另外拿出來。我也會在冰箱放兩個水瓶輪替，一個在過濾的時候，另一個可以直接拿來用。

如果你想消去氟的味道，可以用 Berkey 濾水器。Berkey 濾水器是分成兩部分的不鏽鋼杯。體積雖然比較大，但濾水效果很好。

塑膠袋

我在學校念書的時候，每天中午都會吃奶油果醬三明治。每個三明治都用塑膠袋包裝，吃完之後我都會把塑膠袋丟掉。所以我大概把 2,275 個三明治包裝袋丟到垃圾掩埋場。

我很愛吃三明治，也會時常帶三明治當午餐，但我現在會用餐巾、蜂蠟保鮮膜來包裝，或用金屬餐盒裝。如果你的餐食份量比較多，或者會準備冷凍餐點，你可以購買可重覆使用的矽膠密封袋，名為 Stasher 矽膠密封袋。Stasher 矽膠密封袋的尺寸有大有小。你可以放入洗碗機內清洗，而且可以不斷重覆使用。矽膠是非常耐用的材料，如果矽膠密封袋壞掉了，你可以送回原廠，他們會把這些壞掉的矽膠袋再製成遊樂場用的小石頭。

那我的特百惠保鮮盒怎麼辦？

塑膠有毒，而且會釋出毒素進入你的食物。我會選擇用密扣玻璃保鮮盒、矽膠密封袋、蜂蠟保鮮膜跟不鏽鋼金屬餐盒來存放食物。（訣竅 17）會提供完整的說明，教你怎麼無塑存放食物。

把舊的特百惠保鮮盒丟掉，再花錢購買有利生態的物品會違背零廢棄物生活的原則。如果你為了健康不想再用塑膠存放食物，請不要把這些塑膠盒丟掉。你可以把舊的塑膠盒拿來做別的東西。以下有幾個建議幫助你在家中重新應用這些塑膠物品。（我們在（訣竅 24）會談怎麼移除家中有毒的物品。）

堆肥

我在家跟辦公室都會拿大型的特百惠保鮮盒放在冷凍庫，放置要做堆肥的東西。這樣我就可以輕鬆地把堆肥從辦公室的冷凍庫拿回家，或是把家裡的堆肥從冷凍庫拿到屋外的堆肥桶。

工作

我會帶好幾個特百惠保鮮盒去工作。我用這些盒子來放置書桌抽屜裡面的小東西，辦公室的廚房也放了幾個。這些塑膠保鮮盒可以拿來放置辦公室沒吃完的一些食物，例如：客戶帶了一大盤美食吃不完，就可以存放在冰箱。

收納

我們家車庫用了好幾個特百惠保鮮盒來收納各類物品，像是螺

絲釘或釘子等等。也可以放在浴室裡面收納波比髮夾跟髮帶。我還在臥室裡面放了兩個保鮮盒來收納珠寶。

別忘了還有收納雜物的抽屜。沒錯，我有個雜物抽屜，專門放一些小東西，例如：電池、電線跟辦公室的雜物。我會用小的保鮮盒放置廢棄電池，再拿到的電池回收桶回收。

> 我最喜歡的保鮮盒，是名為 Snapware 的密扣玻璃保鮮盒。容器本身是用玻璃製成，再加上可以緊扣防漏的塑膠上蓋。只要手洗這些塑膠蓋，就可以用很久。我喜歡 Snapware 密扣玻璃保鮮盒，因為透明玻璃可以讓你看到冰箱裡面有什麼東西要趕快吃掉。把沒吃完的食物放置在密封玻璃保鮮盒可以避免浪費食物。

真的餐盤與餐具

　　請使用真的餐盤跟餐具，不要用紙餐盤跟塑膠餐具。人們常常為了省水而使用紙餐盤，但在你決定使用之前，請先思考這會帶來多少廢棄物？而且為了製造這些一次性餐具，整個相關產業使用了多少資源？你知道要製作一個紙餐盤需要用掉 8 加侖（30 公升）的水嗎？選擇使用真的餐盤跟餐具，就可以大幅減少自己消耗的資源。

餐巾

餐巾可以裝飾晚餐桌。我們以前只有假日及特別的場合才會把餐巾拿出來用，但現在我無法想像吃飯時沒有餐巾要怎麼辦。

用餐巾取代餐巾墊紙很容易：一旦養成習慣，就會習慣成自然。我的餐桌上有一大籃的餐巾。用餐時間，我們會從籃子裡拿餐巾出來用。晚餐結束後，乾淨的餐巾會留在每個人習慣用餐的位置。弄髒的餐巾就丟到洗衣籃，或直接丟進洗衣機，跟著洗衣機裡面待洗的衣物一起洗。

待洗的餐巾佔的空間很小。水費幾乎不會有什麼變化。

23 可分解洗碗刷

　　雖然我們知道要盡量避免使用丟棄式的物品，但有時候實在無法選擇。我目前不知道有什麼清潔刷不會壞，所以最好的選擇就是找可分解的清潔刷。我非常喜歡使用竹製鍋刷，竹製瓶刷跟竹製鍋刷。竹製清潔刷比較衛生，而且比海綿更耐用。一般的竹刷可用一到兩年，而且加分的是，竹刷比塑膠清潔刷更美觀。

換掉有毒的物品

　　我一直很不想叫大家把任何東西丟掉。我覺得單純為了要改用「更高級、更環保」的東西而把舊的物品丟掉，本質上就很不環保。

　　如果買東西可以讓你感到開心，讓你的生活更輕鬆，這沒有什麼問題。但你應該要更審慎地考慮自己的錢要花在哪些地方，並且參考（訣竅 1）。請仔細看商家傳遞的訊息，他們只是想要賣東西給你嗎？這家公司會回饋社會嗎？他們有詳細說明產品來源與製造流程嗎？如果一家公司嘗試要為社會帶來正面的影響，他們就會誠實且公開的表述。他們會很想告知消費者他們正在努力做好事，也會用很詳細地說明怎麼做。

　　我只會在一種情況下建議你把物品丟掉，就是物品有毒。

　　我之所以會推動零廢棄物生活，也是為了健康。

　　很多日常用品，像是清潔產品、美容產品、漆上阻燃劑的傢俱、鐵氟龍鍋具、包覆 PFC 的牙線，還有含內分泌干擾素的塑膠用品。現在有很多因素都會干擾內分泌：像是壓力、失眠，還有含糖食品跟咖啡因（大學生活的四大支柱）。但是，內分泌系統也會受到環境雌激

素影響。環境雌激素就是會產生與雌激素類似效果的天然或合成物質。人體的雌激素會刺激組織生長與發育，特別是胸部、皮膚跟生殖系統。雌激素分泌過多（或過度曝露在環境雌激素）會導致不正常的組織增生，像是腫瘤跟囊腫。同時，也會造成體重增加，破壞整個內分泌系統，影響身體調節荷爾蒙的能力。我在 20 歲的時候就罹患乳癌，幸好現在沒事，但我現在對自己使用的產品非常注意。我的荷爾蒙不能再承受更多壓力，所以我盡可能避免接觸環境荷爾蒙。生活在今日的世界，我們無法完全避免接觸到環境荷爾蒙，但透過減少使用有毒的產品，同時降低接觸塑膠的機率，讓我可以大幅降低曝露在環境荷爾蒙底下的情況，也可以減少一些症狀，例如：疼痛、痘痘、脹氣與疲勞。

在廚房內，我不會用任何塑膠特百惠保鮮盒來裝食物，避免購買用塑膠製品包裝的食物，不用塑膠砧板，也不用鐵氟龍鍋具。如果你目前使用鐵氟龍鍋具或塑膠砧板，我會建議你改用其他比較安全的用品。我使用木製砧板、鑄鐵鍋跟陶瓷鍋。這些器具的費用比較貴，但非常耐用！我有兩個平底鍋（8 吋跟 12 吋的長柄平底煎鍋），兩個燉鍋（一個 2 夸脫／0.9 公升的燉鍋跟一個 5 夸脫／4.7 公升的荷蘭鍋）我熱愛烹飪，但我最多都只用四個鍋——因為我的瓦斯爐只有四個爐口。

 **規劃與準備餐點**

　　規劃餐點是健康飲食、避免浪費食物的重要關鍵。而且真的很簡單，我保證。我已經找出保證會成功的方式，讓你了解該如何規劃餐點，還可以有靈活變化的彈性。我絕對不會讓你星期二晚上明明不想吃義大利乳酪千層麵，卻得吃義大利乳酪千層麵。

　　第一步就是先列出你最喜愛的所有餐點。跟家人一起列出這張清單，寫下每個人最愛的餐點。你需要至少二十道，但四十道是最理想的數目。舉例來說，我們家最喜愛的餐點如下：

小扁豆牧羊人派	義大利麵
素食漢堡	雞肉／茄子巴馬乾酪
披薩	義大利乳酪千層麵
菜肉派	炒飯
乳酪通心麵	牛肉／磨菇與青花椰菜
油炸玉米餡餅牛肉	乳酪磨菇潛艇堡
墨西哥烤肉	邋遢喬三明治
烤乾酪辣味玉米片	凱撒沙拉

專家建議：在智慧型手機上下載一個清單 app。不需要很厲害的應用功能，只要讓你可以勾選知道儲藏室裡有的雜貨跟食材可以做出哪些餐點。

列出完整清單後，請依口味分類。舉例來說，上面這張清單有美式料理、義式料理、墨西哥料理跟亞洲料理等，而且很多食譜都使用相同的食材。

你可能不清楚自己下星期二要煮什麼，但你應該可以慢慢看出自己平常最常吃哪些餐點。像我一星期會吃一次披薩。我也知道我可以每天都吃墨西哥料理。依據我的喜好，我就可以規劃一整個星期的餐點，例如：兩晚吃美式料理，兩晚吃墨西哥料理、披薩，一晚外食，剩下的時間吃剩菜或吃亞洲料理。在依據料理風味購買食材時，可以把香料跟基本食材存放在儲藏室。我知道我每星期會煮至少兩次美式料理，所以我會依據自己喜愛的美式料理，準備一些用得到的食材，例如：馬鈴薯、小扁豆、鷹嘴豆、奶油與麵粉，再買幾樣當季蔬菜。如果我要在冬季烤菜肉派，我可能會買南瓜跟胡蘿蔔。如果我要在春季烤菜肉派，我可能會用胡蘿蔔與豌豆。

如果我要準備墨西哥料理，我就會記得先備好墨西哥玉米烙餅、墨西哥玉米片、花豆跟莎莎醬。夏季煮墨西哥料理，我會用很多西洋椒跟玉米。在冬季，我會用比較耐放的食材，例如地瓜跟白花椰菜。

依據要料理的風味來購物，你就可以在一整個星期中的任何一天，享受自己想吃的料理，而且可以彈性選擇自己要用的食材。

善用冷凍庫來避免浪費食物：用儲藏室存放一些基本食材，再用冷凍庫來存放一些方便烹調的快速料理。我家會把豆子跟一些來不及吃、但容易變色的蔬菜先煮好凍起來。這個方法可以讓我們延長蔬菜的保存時間，而不用買罐頭蔬菜。我還有三罐豌豆！先把蔬菜洗乾淨切好。放在烘焙紙上放進冷凍庫。這麼做蔬菜就不會擠在一堆，也可以依據需要的量拿取。蔬菜凍好後，你也可以把這些蔬菜放進容器內。

另外一個避免浪費食物的方式，是要了解使用期限、賞味期限以及下架日期。

使用期限：這個產品應該在這個日期前吃完。到這個日期，產品的品質就會下降，但不代表吃了會讓你生病。這些日期並沒有明確的科學證據。產品在這些日期前或後就可能會壞掉。最可靠的方式是自己先聞聞看，嚐嚐看。

賞味期限：在這個期限前吃的話，可以吃到最好的風味，但超過這個日期不代表這個產品會壞掉。

下架日期：這個標示是供零售商使用。讓店家知道產品應該在哪個日期前售出。這跟食品本身是否壞掉沒有關聯。

教你如何用食物碎屑做菜

在你把食物拿到堆肥桶丟棄前，先問一下自己：「這些東西可以吃嗎？」我們耗費很多資源才能種出這麼多糧食，所以我們應該要懷抱尊敬之心，盡可能把食物都吃完。用食物的碎屑可以做出很多美味的料理，以下分享我最愛的幾道料理食譜。

涼拌綠花椰菜莖絲

我喜歡把這道涼拌菜放入美式手撕豬肉三明治內，或搭配黑豆墨西哥捲餅。

1 杯去皮切成細絲的綠花椰菜莖
（大約需要一個中型綠花椰菜的菜莖）
1 杯切成細絲的胡蘿蔔
1 杯切成細絲的綠蘋果
1 杯切成細絲的紅色西洋椒
2 片大蒜，切細
2 茶匙橄欖油
2 茶匙醬油
1 茶匙米醋
½ 茶匙香油
½ 顆萊姆的汁
把所有材料倒入攪拌缽拌好即可。

胡蘿蔔葉青醬

我會用這種青醬拌義大利麵或用來當胡蘿蔔條的沾醬。我也會把它當抹醬，做美味的夏日蕃茄三明治。

1 杯切碎的胡蘿蔔葉（用葉子，不要用莖部）
¼ 杯開心果
1 顆檸檬的汁
2 片大蒜
2 茶匙營養酵母
¼ 杯橄欖油
½ 杯水
加一點鹽跟胡椒調味

把所有材料放到果汁機打一分鐘，變成乳狀即可。

草莓蒂頭龍舌蘭酒

你吃草莓的時候，可以把切下來的草莓蒂頭拿來製作這款有草莓味的龍舌蘭酒。我也喜歡拿草莓蒂頭來做夏日雞尾酒，例如：草莓瑪格麗特雞尾酒。

12 個切下來的草莓蒂頭
1 杯龍舌蘭
把材料放進梅森玻璃罐，蓋子蓋好放兩到三天，喝之前把草莓蒂頭濾掉。

蔬菜碎屑高湯

　　把切下來的部分，像是芹菜尾、胡蘿蔔尾、胡蘿蔔皮、洋蔥皮、大蒜皮、磨菇頭、青蔥頭、韭菜頭跟剩下的香草，像是百里香或香芹都留下來。我不建議放芥藍菜莖或綠花椰菜莖，因為這些菜拿來煮高湯可能會有苦味。

1. 把菜屑跟兩片月桂葉放進燉鍋。
2. 加水直到水蓋過菜屑。
3. 用高溫煮 4 小時，或用低溫煮 8 小時。
4. 用高湯來煮飯、藜麥、湯或餡料。把剩下來的高湯用梅森玻璃罐裝好冷凍起來。

怎麼用梅森玻璃罐冷凍食品：如果你用的是寬口梅森玻璃罐，請裝到距離瓶口約 2 英吋（約 5 公分）的位置。如果你用的是窄口罐，請裝到圓弧處往下約 2 英吋（約 5 公分）的位置。（高湯冷凍後會膨脹，所以如果不留點空間，玻璃瓶可能會裂開。）

堆肥

堆肥很棒。堆肥可以使生命的循環完整。你把一顆蘋果吃到只剩蘋果核，吃完之後，把蘋果核放入堆肥，過一段時間之後，堆肥就會轉變成富含養分的土壤，讓你可以種出更多的蘋果——這實在太酷了！

一個美國家庭平均每年會生產約 650 磅的有機垃圾，但是有很多都丟到垃圾掩埋場。事實上，六成的垃圾掩埋場充滿有機垃圾。你以為這些有機垃圾丟到垃圾掩埋場就會分解，其實不然，因為這些有機垃圾並沒有暴露在空氣中。有機跟無機的垃圾混在一起，所以有機垃圾無法分解，反而會跟無機垃圾一直維持原狀。這就是所謂的厭氧分解，失去氧氣的有機物質會釋放甲烷到大氣中。跟二氧化碳相比，甲烷造成地球暖化的效果強 30%。

幸好，堆肥其實很容易。你可以在自家後院堆肥，也可以參與政府的堆肥計劃、社區花園或使用商用堆肥設施。有些讀者居住的地方可能有政府或第三方單位提供的堆肥計劃。請務必上網搜尋相關資訊。有人可以幫你處理堆肥會讓你更輕鬆。不論是透過政府或第三方單位，都是讓民眾把堆肥倒進桶子內。桶子要用來裝有機廢棄物，桶子滿了以後，機構會來收集這些堆肥桶，再把堆肥製成營養的肥料。依據所提供的服務不同，可能需要支付一點費用。

打破迷思！

堆肥不會發出很臭的味道。你的垃圾之所以聞起來會有臭味，是因為同時混合了有機跟無機廢棄物。就跟在垃圾掩埋場的垃圾一樣，有機廢棄物如果無法分解，就會釋出很臭的氣味。有機廢棄物的周遭若都是其他有機物質，像是土壤，那有機廢棄物就會分解，不會發出臭味。

哪些東西可以丟到堆肥桶？

任何有機物質都可以分解，製成堆肥：

灰塵
骨頭*
玉米穀片盒
小塊麵包
咖啡渣
乳製品*

乾衣機的棉絨
（前提是你大部分的衣服都使用天然纖維）

蛋盒（若是保麗龍跟塑膠就不行）
蛋殼
魚*
花卉

蔬菜水果皮
青草
頭髮
乾草或稻草
糞肥
葉子
肉*
小塊的天然纖維：
　　　羊毛、棉、亞麻、麻、絲
報紙
非塑膠的茶包袋
堅果殼
紙袋

*只能在工業堆肥設施分解

披薩盒	未漂白的有機棉衛生棉條
木屑	未漂白的紙巾
碎紙	餐巾紙
葉柄	吸塵器收集到的塵埃
茶葉	捲筒式衛生紙的紙筒

你適合哪一類的堆肥桶？

- 有蓋的堆肥桶並不太需要維護。你把廚餘丟進去，用鏟子攪拌一下，偶爾加水，但基本上不太需要做什麼。因為有蓋子可以防止蚊蟲跑進去，蓋上跟桶身還有小孔可以透氣。桶子的底部有小門，可以把已經形成堆肥的部分取出，上頭則是繼續放廚餘。這個方式要花很久的時間才能把廚餘變成土壤。你可以購買這樣的堆肥桶，也可以參考其他 DIY 的設計自己做一個。

- 滾筒堆肥機也不太需要維護。你把廚餘丟進去，時不時轉轉滾筒，以確保空氣進入堆肥機。滾筒堆肥機可能會只有一層或兩層。如果只有一層，你就得等整個堆肥機裡面的物質都變成堆肥才能再加新的進入。可能要一個月的時間堆肥才會變成土壤。

- 溝渠式堆肥：你也可以挖洞處理！到你家後院挖一個大約 6 英吋（12 公分）深的洞，把廚餘丟到洞裡，再用土壤蓋起來。大約一個月就會分解成為肥料。

- 如果你住公寓，沒有後院，也不用擔心。 你還是有其他選項。蚯蚓箱很適合住公寓的人。你可以製作自己的蚯蚓箱，也可以購買蚯蚓箱。在箱內裝赤子愛勝蚓（臺灣比較常見「太平二號」），你家附近賣魚餌或水族的店家就能找到。

要讓蚯蚓開心，請讓土壤濕潤但不要潮濕，所以可以用灑水瓶噴水，箱內放夠多的墊床料，裡面要混合棕色（紙類）跟綠色（食物碎屑）。蚯蚓對溫度很敏感，所以最好是放置在室內。但是你不能把柑橘類的果皮丟進蚯蚓箱，不過你可以把柑橘皮製作成好吃的甜點——直接吃掉！

　　如果你對自製堆肥箱沒興趣，附近又沒有政府或第三方單位可以收廚餘堆肥，你還有幾個選項。

- 先看看你有沒有認識誰有堆肥的習慣，看他／她願不願意收你家的食物殘渣來堆肥。
- 看看你家附近有沒有鄰居養雞。大部分的廚餘，雞大概都會願意吃。
- 問問小農市集的農夫。他們會用堆肥種出更多作物。
- 問問附近的社區花園或開心農場。

第三章

衛浴產品與
個人衛生用品

浴室雖然空間不大，卻可以產生大量垃圾。

很多人會忘記要把自己的衛浴垃圾分類，

因而把很多可以回收再利用的物品，

像是捲筒式衛生用完之後的捲筒直接丟棄。

再加上常見的拋棄式用品，

像是棉花棒、衛生棉條、衛生棉跟化妝棉等。

你只要稍微改變自己的生活習慣，

就可以帶來不小的影響。

牙線

很多牙線不只是用塑膠包裝，牙線本身就是塑膠。

除了本身是塑膠，牙線還包覆了全氟碳化物（PFC），這樣牙線比較好滑動。鐵氟龍當中也有PFC，而且PFC可能會導致甲狀腺疾病、失智症、癌症、不育症跟畸形兒。你用牙線清牙縫後，PFC可能會殘留在口中，進而吸收到你的體內。所以最好還是改用其他比較安全的清潔用品。我用 Dental Lace 的絲綢牙線，因為它可以分解。更好的是，這家的牙線是用可重複使用的玻璃瓶包裝，搭配金屬蓋。

我也會用沖牙機，也就是利用水流來刺激並改善牙齦健康。如果你戴牙套，沖牙機會特別適合你。

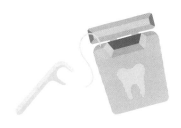

零廢棄物生活的 101 種方式

牙膏

　　口腔衛生非常重要。而且沒有任何一種口腔護理方式是人人適用。我會用自製的潔牙粉，而我先生會用牙膏。我們每半年會去看牙醫，清潔口腔，確保口腔健康。選擇對你健康有益的方案。

　　你或許適合自製潔牙方式，也可能不適合。即使會製造出廢棄物，你還是應該要努力維持自己的健康。我們生活的世界無法完全零廢棄物，所以你再怎麼努力也還是會產生廢棄物。請先照顧好自己的健康。如果你想持續買牙膏來用，請特別注意避免使用有塑膠微粒的牙膏。塑膠微粒是體積小到無法過濾的塑膠粒子，所以他們會流入下水道跟海洋。塑膠就跟海綿一樣，會吸附細菌。魚類常常會誤以為塑膠微粒是食物而誤食，因而中毒並汙染食物鏈。

自製潔牙粉

　　我的祖母從小就使用潔牙粉。她幫著我一起想出這個配方。在準備這個配方的過程中，我聯絡了一位牙醫師，想了解牙醫師對這個潔牙配方的看法。牙醫師建議我們使用小蘇打粉。跟一般市面上販售的牙膏相比，小蘇打粉的磨損力較小，不過我的牙齒很敏感。小蘇打粉對我來說有點太刺激。所以我們最後的配方如下，我很幸運，因為我家附近的店家就可以買到所有的散裝材料。有些材料不是在食品區，而是在美容區。如果你找不到這些散裝材料，請參考（訣竅9）。

日用潔牙粉

1 份木糖醇：木糖醇是天然甜味劑，可預防細菌貼附在牙齒上，並且可減少口腔的酸性，預防蛀牙。

1 份小蘇打粉：溫和的摩擦劑，可以清除牙齒上的牙菌斑，破壞會造成汙漬的分子，並且中和口腔的酸性。

1 份膨土：可以保持口腔健康，因為膨土含鈣，常用來補充牙齒的礦物質。（避免用金屬工具來取用膨土，因為金屬會讓膨土失效。）

用木匙把這些粉末混在一起，存放在小玻璃罐。要使用潔牙粉前，牙刷先沾水，把多餘的水甩掉，再輕輕沾一點潔牙粉後使用。

美白潔牙粉

我不建議每天都使用這種潔牙粉：一星期兩至三次還可以，但如果你發現牙齒有點敏感，就暫停使用。

1 份木糖醇
1 份小蘇打粉
1 份膨土
1 份活性碳

把所有的材料混在一起，存放在小玻璃罐內。
（記得要避免使用金屬工具。）

氟處理：我家的自來水已經加了氟，所以不用擔心潔牙粉沒有氟，不過定期找牙醫報到，在洗牙後接受氟處理，對你的牙齒養護很有幫助。

金屬管跟牙膏粒：如果你不愛 DIY，現在有幾家公司會販售用金屬管包裝的牙膏，就跟 1980 年代販售的牙膏一樣。金屬管會搭配曲柄讓你可以擠出最後一點牙膏。金屬管可回收，但塑膠可無法回收。把金屬管的底部剪開，讓你可以把最後一點牙膏也擠出來，再把金屬管清理乾淨回收。

牙膏粒是滿新的產品，但體積很小，看起來很像藥丸。你只要把一顆放進口中，咬一咬，再刷牙。牙膏粒的包裝可能是玻璃罐或紙盒。

回收計劃：如果你喜歡牙膏中含氟的產品，有幾家牙膏公司有跟 Terra Cycle 合作，回收空的牙膏管。

牙刷

　　人類過去到現在製造的所有牙刷到現在都還完好無缺。對，你用過的每一隻牙刷現正都在地球的某個角落。但我們可以改變這樣的情況。把你的牙刷換成非塑膠牙刷是零廢棄物生活重要的第一步。不要再用塑膠牙刷，改用竹牙刷。

　　市面上唯一可以完全分解的牙刷採用豬鬃製作。在 1940 年代之前，我們一直都用這個方式製作牙刷。用豬鬃刷牙讓我有點害怕，所以我用的是 Brush with Bamboo 公司的竹牙刷。這家公司的豬鬃製品領先業界，並且正在努力製作可完全分解的植物基產品。目前，他們的產品採用 62% 的天然材料，38% 的塑膠材料。

　　為了讓你的竹牙刷可以妥善處置，請在丟棄前先把刷毛拿下來，用鉗子就可以。竹製牙刷的牙刷握把可以分解或用來點火，但在分解前，請盡量物盡其用！牙刷可是很棒的清潔小工具。

棉花棒

　你可能根本不需要用棉花棒。棉花棒的長度沒辦法真的深入到耳內，只能清理耳朵最外圍，所以其實用毛巾就好。

　很多棉花棒都是塑膠棒，兩端包覆棉花球。所以無法回收。如果你要用棉花棒，請找紙棒棉花棒。這樣整枝棉花棒都可以分解。

　你也可以考慮使用可重複使用的耳挖。耳挖材質選擇很多，例如：矽膠、不鏽鋼跟竹子。如果你要買耳挖來用，使用時要特別小心，不然可能會傷到內耳。

衛生紙

　　美國人每天把兩萬七千棵樹沖進馬桶。這是很驚人的樹木量。幸好,現在你有很多比較沒那麼浪費的選擇,不過如果你人不在家,能做的事就不太多,只能盡量少用一點衛生紙。人們爲什麼在上完廁所之後要用一大堆衛生紙來清理,實在讓我很難理想。其實一兩張就夠了。

　　下身清洗器(類似溫水洗淨便座)**:** 我先生跟我在我家馬桶上裝了下身清洗器之後,衛生紙的用量就減少了七成。一個 35 到 75 美元的下身清洗器,價格其實不算貴。

　　下身清洗器會連接到馬桶的供水管。你轉個紐就可以用清水在上完廁所後沖洗一下,比用衛生紙擦要更有效率。

　　想想看……如果你不小心被鳥糞砸到,你會只用衛生紙擦嗎?你在撿狗大便的時候,如果不小心沾到手,會只用衛生紙擦嗎?當然不會!你會用水洗乾淨。那爲什麼不用水洗自己的屁屁?

　　我跟我先生還是會用衛生紙擦乾屁股,但有些下身清洗器或溫水洗淨便座還有烘乾功能可以把屁股吹乾。

　　怎麼買衛生紙: 我買衛生紙的時候,會注意找 100%回收或沒有砍樹,而是以竹子或甘蔗製成的衛生紙。我也會購買個別以紙包裝的衛生紙,以避免塑膠。

　　包裝這些衛生紙的紙箱、包在衛生紙外面的紙以及用紙板製成的捲筒都可以放在後院分解或回收。我會回收紙箱,再把其他的包

裝放進堆肥箱分解。

　　你通常可以在販賣辦公室商品的店家買到沒有以塑膠包裝的衛生紙，或者也可以上網購買。有些有環保意識的品牌也提供比較小的包裝，例如：12 捲或 24 捲。家裡若沒有可以存放 48 捲或 96 捲的空間，可以選擇這些小包裝。而且你還可以支持這些努力改善世界的公司。

產品遞送時的注意事項：遞送本身就無法零廢棄物，但有時候真的沒其他辦法。記住，店裡面賣的產品也都需要經過貨物遞送。可以自己到店裡買當然很好，因為你可以檢查產品的品質，確保你買的是自己真正想要的物品，同時還不用遞送。如果你要在店內或上網購買東西，可以注意一下產品的製作地，盡量支持離你家比較近的店家。

33 面紙

　　我很早之前，在還沒開始追求零廢棄物生活之前，就已經改用手帕。從小到大，我爸都會帶手帕。每年耶誕節，耶誕老公公也會在他的襪子裡面塞幾條新的手帕，上面都會繡上他名字的縮寫。

　　我認識我先生的時候，注意到的第一件事是他也都會攜帶手帕。我可以很坦誠地說，我很少看到 20 幾歲的年輕男性會帶手帕。有一次我們兩個外出約會，我問他爲什麼會用手帕。他說：「我過敏很嚴重，用手帕我的鼻子才不會因爲面紙用太多而擦傷。」「居然有這種事？」我當下就想，我也要改用手帕。

　　沒想到，他說的話真的確有其事。後來我的鼻子就再也不會擦傷了。

　　我有很多繡花的美麗手帕，都是我的曾祖母留下來的。還有幾條是在其他人的搬家大拍賣中買到的。這些手帕看起來很細緻，拿來擤鼻涕好像會有點罪惡感，但不用擔心啦，這些手帕就算拿來擤鼻涕，也可以用很多年。這些手帕的品質真的很好 —— 有些已經有 70、80 年的歷史了。現在的手帕跟以前相比，就沒有那麼好了。

　　要改用手帕最難的一點，大概是要找到適合的收納法。手帕很小，很容易不小心弄丟。我有一個陶瓷的面紙盒就用來裝手帕。

　　每次手帕髒了，我就會把手帕丟到待洗衣物籃。我在過敏季節手帕用量最大。如果我得了流感或重感冒，我會把手帕放在一盆水中，把水煮開，把手帕取出晾乾，接著再跟其他衣物一起放進洗衣機洗。

大家要搬家前的二手物品大拍賣，可以找到很多符合零廢
棄物風格的二手物品！

棉花球

　　如果你使用棉花球或化妝棉來卸妝，請改用洗臉巾或可重覆使用的化妝棉。如果你習慣使用棉花球或化妝棉來拍化妝水，請改把化妝水裝到噴霧瓶。把化妝水直接噴在臉上，或噴到手上再輕輕擦到臉上。

　　其實使用化妝棉來擦化妝水，化妝棉會吸收很多化妝水 —— 直接噴在臉上，化妝水就可以用比較久，也不會浪費。

生理期產品

　　想要在生理期也達到零廢棄物的方法有幾個。可以選擇生理褲、布衛生棉跟月亮杯——但首先，我們先來談一下市售產品的問題。

　　一般的市售衛生棉條與衛生棉都有塑膠（衛生棉裡面含的塑膠大概等於四個塑膠袋），而且為了要看起來很潔白，都會經過漂白。你不會希望塑膠跟漂白劑接觸到你的敏感部位，而且有時候這些物質還會讓你的生理痛更嚴重。

　　衛生棉條的工作是吸收經血，但很不幸的是，在吸收經血的同時，衛生棉條也會吸收陰道自然的分泌物，使陰道酸鹼不平衡，可能造成感染。

　　每四到八個小時就要替換一次衛生棉條，而你每次替換都會增加廢棄物的量。

　　月亮杯：月亮杯可重覆使用，可用來替代衛生棉條。月亮杯是用醫療級矽膠製成，會盛裝經血，而不是吸收經血。很多月亮杯都可以盛裝大約等於兩條衛生棉條的經血量，而且每十八個小時才需要換一次。如果擺入陰道的方式正確，你可能不會覺得陰道內有異物。而且，月亮杯也可以減緩生理痛。月亮杯沒有展開前，會靠在陰道壁上，施加一點壓力，減緩抽搐的感覺。

　　月亮杯裝滿了以後，你可以在上廁所的時候把它取出來倒空。如果是自家的洗手台，可以用水清洗一下再插回去。如果是公共廁所，你可以用衛生紙擦乾淨，再插回去。等你有機會再拿出來用水

清洗。

生理期結束後請把月亮杯用熱水燙過，保持清潔。

> **月亮杯是我目前最喜愛的零廢棄物物品。我唯一的遺憾是**
> **沒有在大學的時候就開始用。**

布衛生棉與生理褲：如果你不喜歡月亮杯，也可以看看布衛生棉跟生理褲。我有幾片有機布衛生棉跟幾件生理褲，在經血量比較沒那麼大的那幾天會拿來用。

布衛生棉絕對比市售的衛生棉好用。布衛生棉比較軟、比較舒服，而且你也不用擔心因為合成材料而使敏感肌發癢。布衛生棉也不會發出異味——用過的衛生棉會有異味，是因為無機跟有機物質擺放在一起。

我試過不同的生理褲，量少的時候，我就喜歡穿生理褲。我最愛的品牌是 Thinx。穿起來很舒適，量少的時候使用也不用擔心會有血塊的問題。

要清潔用過的布衛生棉跟生理褲，可以用水清洗，直到洗出來的水不再有血色。洗乾淨以後晾起來曬乾。曬乾以後就可以丟進待洗衣物籃。放進洗衣機洗，但不要用乾衣機烘乾。

36 刮鬍刀

　　與其使用拋棄式塑膠刮鬍刀，請改用不鏽鋼柄安全刮鬍刀。在刮鬍刀使用壽命結束後，可以完全回收再利用。更重要的是，安全刮鬍刀可以維修。你可以輕鬆地把安全刮鬍刀拆開，簡單維護，而且所有的安全刮鬍刀都用同一類刀片，不管是 50 年代還是上星期製作的安全刮鬍刀。（沒錯，市面上還可以買到古董安全刮鬍刀。）

　　安全刮鬍刀使用直剃刀片。要刮鬍子，手握刮鬍刀以 30 度的角度開始刮，每次刮一點。不用施壓，要讓剃刀滑過皮膚表面。我會把要丟棄的刀片丟到刀片收集桶。這些刀片都是不鏽鋼製成，但你不能直接把刀片丟到垃圾回收箱。回收廠還沒有辦法完全自動化，還是得以人工來分類。不要讓這些辛苦的人在工作時受傷。你可以用鋼罐來做刀片收集桶。建議選擇高湯罐頭來用，裡面只有湯，沒有食物碎粒。你可以用 Exacto 雕刻刀在罐頭的頂部開個口，大到讓刀片可以滑進去。把所有高湯先倒出來，再用水清洗空罐頭。把罐頭倒著放在晾乾架上，擺個幾天就可以拿來用了。把要丟棄的刀子投進罐子裡面。裝滿以後，請用膠帶封住開口處，拿到附近金屬回收廠。他們可以用機器處理，確保工作人員不會在處理過程中受傷。也請你看一下附近廢棄物管理設施的網站。有些廢棄物管理設施會指定某幾天專門回收危險及有毒物品，像是刮鬍刀的刀片、電池或電子廢棄物。

　　除了比較環保，改用安全刮鬍刀也讓我省了很多錢。我過去一年要買兩到三次的刮鬍刀包，每一包要 20 美元。我只花了 35 美

元購買安全刮鬍刀。平均來說，安全刮鬍刀的價格介於 20 美元到 50 美元，當然你也可以買很高級的刮鬍刀。我還得付 10 美元買一包 100 片的刀片，才花 45 美元買的安全刮鬍刀就可以用至少 6 年，節省了大約 255 美元。

其他零廢棄物除毛方式包含糖蠟除毛跟雷射除毛。當然，你也可以選擇不要除毛。

零廢棄物生活的 101 種方式

37 護膚流程

　　每個人護膚的方式都不太相同。這一章會不斷強調這件事。個人護理真的因人而異！

　　護膚一直是我最不精通的事。我花了很多錢、花了很多時間，也在嘗試的過程中流下很多淚水。在我 19 歲之前，我的皮膚狀態一向很好。19 歲之後，卻開始長出可怕的囊性痤瘡跟皮膚毛孔阻塞。我整張臉到處是痘痘，嘗試什麼方法都沒用。我什麼方法都試過了，包括使用市面上買到的護膚商品跟自製護膚品。唯一能夠讓我不再長囊性痤瘡的方法就是在乳癌驚嚇事件後調整自己的荷爾蒙。我開始非常注意自己使用的清潔用品、美容產品跟飲食。我改變自己的生活形態後，囊性痤瘡就不再出現了，但我還是會有皮膚毛孔阻塞的問題，通常是因為天氣或水質引發。我四年前搬到加州，皮膚的狀況就時好時壞，部分是因為加州比較乾燥，水質又硬。

　　我會混合使用自製護膚產品以及市面上買到的護膚產品，不過對我來說，最重要的一件事是先注意產品的原料。幸好大部分重視產品原料的公司也都很重視產品的包裝方式。

我會努力避免的原料

- 很多產品會用**對羥苯甲酸酯類**做為防腐劑，但羥苯甲酸酯類是已知可能會引發乳癌以及導致不孕的內分泌干擾素。
- **人工香精**常常會被列為「香精」或「香氛」，基本上就是代表用不同化學物質合成的物質。香氛常被視為業界機密，所以你其實不會知道自己噴的香水裡面有什麼東西。

- **人工色素**是用煤焦油製成，在產品原料上會列為 FD&C、
  D&C 或紅色 6 號。
- **甲醛**常會被用來製成所謂的福馬林溶劑。這種防腐劑可以
  讓化妝品跟美容產品保持新鮮。缺點是它可能會導致癌症。
- **甲苯**是一種石油化學品，通常會用來調油漆。甲苯會干擾
  人體的荷爾蒙與免疫系統。

這些原料如果使用的量很少，可能不會造成人體的危害，但我
不想每天都用這些化學原料來保養皮膚。皮膚是人體最大器官，我
們應該要謹慎選擇自己塗抹在皮膚上的東西。

如果你在研究要使用什麼護膚產品，環境工作小組（Environ-
mental Working Group）是個很棒的網站，依據產品使用的原料
排名，幫你輕鬆了解市面上的產品。

為了讓我的生活更輕鬆，我都在舊金山的一家美容院購買商
品，因為這家店會幫我先做好功課。他們展示在架上的所有商品都
先經過審查，而且所有產品都必須要符合一長串環保美容規範。另
外有幾家店也有類似的標準，例如：Credo Beauty、CAP Beauty
跟 Detox Market。他們的產品也透過網路販售。

美容護膚產品的包裝

我的首要要求是透明玻璃。透明玻璃比有色玻璃更容易回收，
但有色玻璃是我的第二選擇，因為玻璃可以回收再利用，而且品質
不受影響。

我也會注意看產品包裝是否容易拆解，方便回收。舉例來說，
如果我的護膚品使用的瓶子是壓瓶，我是不是有辦法可以把每個部
件都拆開，妥善回收？產品製造商是否有回收空瓶的方案，可以將
空瓶回收消毒再利用或妥善處理這些空瓶？

乳液／乳霜

乳液／乳霜很適合自己做。很多人認為乳液／乳霜主要是用來做身體保濕，但其實乳液／乳霜有很多類型，包括潤膚餅、液態乳液跟潤膚霜。

潤膚霜跟潤膚餅都很耐放，因為裡面沒有水。加水之後就會變成乳液。如果你是在商店內購買乳液，你應該很清楚製造商會放好幾種防腐劑以確保乳液可以存放。

如果你是在家自製乳液，你可以把乳液放在冰箱，存放一、兩個月，不過我通常會自製原本就可以存放的乳霜產品，因為除非你真的很喜歡自己動手做，不然每隔幾個星期就要自製護膚產品真的很難持續下去。我比較喜歡把時間花在會讓自己開心的事上，而不是自製護膚產品。我的意思不是說自製產品不好玩；其實很好玩！但是，我實在不想每次都要自己做。而我如果自製護膚產品，會遵循幾個基本原則：

1. 我一定要做得很開心。
2. 製成的產品一定要能存放至少 6 個月。
3. 多一點：最好可以讓我一次做一大批，存放起來；或者這個自製產品可以有好幾種用途。

如果你也有同樣的想法，你就會很喜歡我的這些配方。你也會注意到，我的自製護膚品中沒有放任何椰子油。皮膚其實要花很長的時間才能吸收椰子油，所以擦了椰子油，你可能會覺得皮膚一直油油的，而且椰子油還可能會阻塞毛孔。話雖如此，分餾椰子油的

效果很好，也比較容易吸收，但是要找到沒有包裝的分餾椰子油不是很簡單。

潤膚餅

潤膚餅很方便攜帶。蜂蠟可以預防潤膚餅融化。我都跟附近的蜂農購買蜂蠟。我會花 20 美元買一磅的蜂蠟。一磅就可以用很多年。你也可以用純素蠟，但目前我還沒找到沒有包裝的純素蠟。

1 杯磨碎的蜂蠟或蜂蠟粒
2½ 杯橄欖油
可加可不加：添加香味

1. 以隔水加熱的方式把兩種原料融化。原料完全融化之後，如果想添加香味就在此時添加，接著把融化的混合物倒入矽膠模具內，放置在室溫下一夜。
2. 到早上，你就有很漂亮的潤膚餅可用了。我會把潤膚餅放在一個小小的錫盒內。

> **專家建議：**把 Altoids 糖果盒回收，拿來裝潤膚餅。你也可以直接把混合物倒入 Altoids 糖果盒。冷卻後，用手溫就可以把潤膚餅取出來。

不油膩潤膚霜

如果你比較喜歡抹潤膚霜，而不是用潤膚餅，那這個自製配方就很適合你。潤膚霜通常很油。這個配方不會那麼油，相對抹起來

就不會像乳液那麼滑順。

　　這種潤膚霜使用的油主要是因為好吸收。不同的油會有不同的吸收率。我選紅花油的原因是因為它的吸收率最好，價格又不貴，而且在大部分的雜貨店都可以買到玻璃瓶裝的紅花油。

¾ 杯可可脂
¼ 杯紅花油

1. 以隔水加熱的方式把兩種油脂融化。融化之後，把放油脂的鍋子拿起來，放到冷凍庫。大約 30 分鐘後，等混合物完全冷卻後，用電動攪拌器攪拌幾分鐘，把空氣打進去。攪拌之後，混合物會比原來大一倍，而且摸起來軟軟的，很舒服。
2. 可可脂通常可以常溫保存，所以即使在夏天也可以維持蓬鬆感。如果潤膚霜融化，甚至是塌下去，你可以把它放進冷凍庫，再用電動攪拌器打一遍。

除臭劑

　　除臭劑是我自己自創的。我的原罪讓我開始不斷在廚房裡實驗，也點燃了我的瘋狂科學魂。

　　我的乳癌驚訝經驗其實曾經讓我很痛苦。有些時候，我會痛到無法應付。所以現在我才會那麼努力地想要改變自己的生活型態。我剛開始嘗試自製產品跟自然生活的時候，決定要先自製除臭劑。

　　如果你正在嘗試從市面上販賣的止汗除臭劑改成自然除臭劑，你可能要先試試排毒（底下有配方）。在排毒之後，你就會發現你比較不會流汗，而且流出來的汗也比較不會臭。流汗會有臭味主要是因為汗水跟身體上的細菌相互作用。流汗很好，我們不該為了止汗而試圖阻塞自己的毛孔。

　　在我完成排毒，又開始嘗試自製產品之後，讓我疼到受不了的疼痛就消失了。我已經有四年沒有任何疼痛；我的身體對市售止汗除臭劑會有不良反應。

　　我接受身體會流汗這件事，但這可不代表我喜歡自己身體臭臭的。以下是我最喜歡的幾個配方。

去汗排毒

　　排毒階段可能要花三天到三個星期，但你也可以在下腋敷排毒面膜糊，加快排毒。

　　連續三天都使用去汗面膜糊後，排毒程序應該就完成了。當然，每個人的體質都不同，所以你可能會多花一或兩天。你可能也要偶爾重覆排毒一次。我現在每一年都會在下腋敷排毒面膜一次。

這個配方夠用一次。

1½ 茶匙活性碳
1½ 茶匙膨土
1 茶匙蘋果醋

拿一個碗，把所有材料倒在碗中混合。可能會需要加一茶匙水減少混合物的稠度，比較好抹開。用手指或拿一把刷子把面膜糊抹在下腋。為了避免弄得髒兮兮，我都在洗澡前做這個面膜糊。抹好面膜糊後，等它乾。你大概要把手臂舉高約十分鐘，讓面膜糊慢慢變乾，再把面膜糊洗掉。

切記：不要用金屬匙來取膨土！金屬會使膨土失效。

洋甘菊蘋果醋滾抹式除臭劑

為何有效：蘋果醋可以避免汗臭，因為蘋果醋可以殺死下腋處的細菌。蘋果醋是酸性物質，也可以預防細菌在下腋處滋生。蘋果醋的味道聞起來有點像沙拉，所以我發現混合洋甘菊與蘋果醋既有效，味道又舒服。

你可以自己決定要不要把份量加倍多做一點。

½ 杯蘋果醋
¼ 杯洋甘菊
1 杯水

1. 把洋甘菊放進一杯熱水中，泡五分鐘，製成洋甘菊茶。把花濾掉，再混合洋甘菊茶跟蘋果醋。
2. 我會把混合後的液體放進一個容量約 1 盎司（約 30 毫升）的滾珠瓶，放在浴室吊櫃中兩到三個星期。剩下的液體就放在製冰盒凍起來，需要補充的時候就拿出來解凍。一個 1 盎司（約 30 毫升）的滾珠瓶容量大概等於兩茶匙，而大部分製冰盒製成的冰塊一個也差不多兩茶匙。

海鹽滾抹式除臭劑

鹽巴是強而有力的天然殺菌劑。若你使用這個滾抹式除臭劑，細菌就不喜歡住在你的下腋處，而你聞起來會有海洋的味道。

1 茶匙海鹽
2 茶匙水

1. 我喜歡先用食物處理器把海鹽打得很細，變成粉狀。這樣一來，鹽巴比較好散開，也比較好抹平。
2. 這個自製配方完成後，可在冰箱內保存兩至三個星期。

若你在任何自製產品中使用水，最好要使用過濾後的水，並且要先煮沸幾分鐘。產品中若有水，通常比較難保存，因為微生物跟細菌隨著時間，會在水中大量滋生。我們沒辦法用防腐劑延長產品保存的期限，所以要使用過濾再煮沸的水，盡可能延長保存的日期，但最多也只能在冰箱內放兩星期。

凡人除臭劑

　　我很喜歡這個除臭劑版本，我叫它「凡人」除臭劑，因為可以把這個配方裝到你原來就會用的滾抹式除臭劑容器中。當然，你也可以把混合物裝到小瓶子裡面，但我發現如果直接裝到滾抹式容器內比較方便使用。這個配方會像市售除臭止汗劑一樣好滾抹，而且非常有效。可以算是「強效型」的配方。

　　　3 匙乳木果油
　　　2 匙磨碎的可可脂
　　　3 匙葛粉
　　　2 匙碳酸氫鈉（泡打粉）
　　　2-3 茶匙維生素 E 或紅花油

1. 以隔水加熱的方式，融化磨碎的可可脂。等可可脂變成液態後，再把乳木果油加進去。乳木果油也變成液態後，關火把放置混合物的鍋子拿起來。再加入泡打粉跟葛粉仔細攪拌，確保沒有任何結塊。加入維生素 E 或紅花油。
2. 把舊的除臭劑容器先清理乾淨，再倒入混合物，放置在室溫下一夜。你也可以把裝好的容器放在冰箱內兩小時，加快凝結速度。一旦乾了以後就可以拿來用！

檸檬除臭劑

　　這個除臭劑真的讓人意想不到，但效果很好！如果你家後院有檸檬樹或你屋內有很多檸檬，那這個配方就很適合你。你不會希望還沒用到檸檬，檸檬就已經壞掉。

　　你可以切一小片檸檬，拿來抹抹下腋！就像我們前面兩個自製產品一樣，檸檬汁是酸性物質，可以預防下腋細菌滋生。檸檬也富

含檸檬酸，可以讓毛孔縮小，減少流汗。讓毛孔縮小很好；毛孔還是開的，但是沒有阻塞。

　　注意：不要拿檸檬當除臭劑之後跑去曬太陽或做日光浴。陽光跟檸檬汁相互作用後，可能會讓你的皮膚覺得很刺激不舒服。

　　　　　零廢棄物生活的 101 種方式

香水

大部分的香水都會用香精。我開始注意生活中所有使用內分泌干擾素的產品時，發現我家中所有香水都有內分泌干擾素。我現在只保留了一瓶已經開過的香水。我非常喜歡這瓶香水，但我不會用來噴在我的皮膚上。我只會在特殊場合把這個香水噴在衣服上。我不想噴在皮膚上，因為我不知道這瓶香水裡面到底有哪些原料。

不要誤會。我很喜歡自己聞起來香香的，但我不想影響自己的健康。你其實只需要針對產品製造商做一點研究，確保他們使用有機的原料，並且不用人工香精、色素鄰苯二甲酸鹽跟對羥苯甲酸甲酯。你也可以直接到環保美容沙龍，因為他們會幫你做功課，而且店內大部分的香水都是用玻璃瓶裝——瓶子不但很美，又可以回收再利用。

或者，你也可以自製香水！

很多自製香水的作法都是調和精油。你可以在網路上找到很多如何調和精油的資訊，不過我的作法有點不同。我會在附近的茶舖購買大批玫瑰花瓣、薰衣草跟洋甘菊。混起來的香味比較溫和，而且偏花香。你可以自己浸其他香草，嘗試不同的香味。你會需要一個容量8盎司（約200多毫升）的翼頂罐，存放混好的香水，同時也要一個滾抹瓶，之後可以把濾過的香水倒進滾抹瓶。

¼ 杯乾燥玫瑰花瓣

¼ 杯乾燥薰衣草

¼ 杯乾燥洋甘菊

1 杯紅花油
2 匙維生素 E 油

1. 把乾燥花瓣放進容量 8 盎司（約 200 多毫升）的翼頂罐。把紅花油淋在花瓣上，蓋上蓋子。把翼頂罐放在窗台邊，每天搖一次，至少要維持兩到三個星期。混合的油會帶著很好聞的花香。
2. 把花瓣濾掉，香氛油倒入滾抹瓶。
3. 把香氛油抹在脈搏點。也就是將香氛油抹在手腕、手肘內側、耳後，膝蓋後方以及鎖骨中間。

零廢棄物生活的 101 種方式

護唇膏

我製作護唇膏的配方跟製作潤膚餅的配方差不多。我只需要把依據這個簡單配方混好的混合物，放進小小的不鏽鋼容器，上面有螺口蓋。我也有個調色版護唇膏，很適合每天擦。

無調色護唇膏

1 匙蜂蠟
3 匙橄欖油

以隔水加熱的方式融化蜂蠟。蜂蠟完全融化後，加入橄欖油，再把混合的液體倒入不鏽鋼容器，蓋上螺口蓋。我喜歡使用有螺口蓋的容器，因為這樣我可以把瓶子關好直接丟到包包，不用擔心會溢出來。

調色護唇膏

紫朱草是一種生長在地中海地區的草藥，自古就被拿來做為紅色色素，而且在乳酪咖哩等印度料理中也會使用。

1 匙蜂蠟
3 匙橄欖油
1 匙紫朱草根

先把紫朱草根跟橄欖油一起放入一個小型的玻璃罐，擺在窗台

邊，浸 7 到 10 天。把紫朱草根濾掉。橄欖油應該會變成粉紅色。以隔水加熱的方式融化蜂蠟。蜂蠟完全融化後，加入染色的橄欖油。再把混合的液體倒入容器，蓋上螺口蓋，等它冷卻。

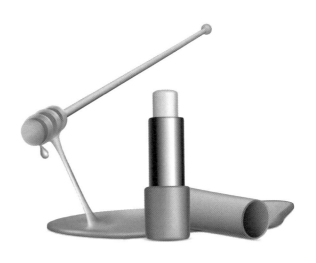

化妝品

　　我自己做了滿多自製化妝品。雖然我很喜歡自製護膚產品，但商店販售的化妝品比較能夠撐一整天。這樣感覺錢花得比較值得，而且現在有很多公司都開始注意產品的原料跟包裝。

　　在包裝的部分，我會注意看公司是否採用玻璃瓶、不鏽鋼或竹製容器。現在也有幾家公司提供重新充填的服務，而且這樣的服務愈來愈受歡迎：你會買到一個很好看的盒子，盒子後方有一個小型磁鐵，吸附住一個不鏽鋼充填盒。這個小小的不鏽鋼盒內有眼影、腮紅或粉底。你用完以後，可以訂購新的充填盒，通常補充包會用可製成堆肥的紙包來包裝，你再把它放進原來美麗的盒子內就好。這些充填盒是用很薄的鋼製成，可以回收再利用。這個超棒的想法節省了很多包裝！

　　目前來說，睫毛膏是最難找到可永續包裝的化妝品。Lush的睫毛膏是用玻璃瓶裝，附帶一隻塑膠睫毛刷。玻璃瓶可以回收，塑膠睫毛刷清理後可以送到阿帕拉契山脈野生動物救援協會（Appalachian Wildlife Rescue）——他們會用睫毛刷幫動物清理毛髮中的跳蚤蛋跟蟲卵。Kjaer Weiss 也有不鏽鋼包裝的可再充填睫毛膏。

43 髮膠

　　為了讓我的頭髮看起來比較膨，維持捲度或避免被風吹亂，我會噴一點自製髮膠來定型。伏特加可以讓髮膠維持穩定，可保存好幾個月，但酒精會讓頭髮變得比較乾燥，所以如果你打算每天都噴，我會建議你不要加伏特加，把髮膠放在冰箱保存。這樣可以保存幾個星期的時間。

　　1 個柑橘，切成瓣。
　　2 杯過濾水
　　2 匙糖
　　¼ 杯伏特加

　　把柑橘加水煮沸，在鍋中壓柑橘，壓出汁來。轉小火，繼續煮，直到鍋中的水只剩一半。加入糖，等糖溶解。把浸過的柑橘濾掉，濾出來的汁倒入灑水瓶。最後加入 ¼ 杯伏特加。

洗髮乳跟潤髮乳

　　市面上販售的洗髮乳跟潤髮乳除了使用塑膠容器之外，原料也都含有內分泌干擾素，像是香精跟對羥苯甲酸甲酯。這些物質會去除頭皮自然產生的油脂。進而讓頭皮過度分泌油脂，也讓你必須要使用更多洗髮乳，買更多產品。

　　跟護膚產品一樣，頭髮的護理並沒有人人都適用的方案，不過底下有一些對頭髮好，對地球也好的零廢棄物選項。有一些很受歡迎的選項是不用洗髮乳、少用洗髮乳、洗髮餅以及以散裝方式購買洗髮乳。

　　所謂的不用洗髮乳就是完全不用市面上販售的洗髮乳。不過，因為有很多不同的作法，所以網路上有很多討論版、聊天室跟部落格在討論要怎麼停用洗髮乳。如果你不太喜歡完全停用洗髮乳，可以看看附近的健康食品商店或合作社——他們可能會販售可散裝購買的洗髮乳跟潤髮乳。

　　在你停用洗髮乳或少用市面上的洗髮乳之後，你的頭髮會經歷一段排毒時間，因為現在你的頭髮不會再接觸到矽樹脂等原料。矽樹脂會讓你的頭髮看起來閃亮動人，但其實是不自然的現象。某些人可能只需要幾天，其他人則可能要好幾個月才能完成排毒。我一開始是先拉長自己洗頭髮的間隔時間。當時，我的排毒時期維持兩到三個星期。在排毒時期結束後，我可以一個星期都不洗頭，但我會用自製的乾洗髮乳。現在我的頭髮變得比較柔順，比較好整理，也比較不會打結。過去使用市面上的洗髮乳，我的頭髮很容易打結；每天都要花十到十五分鐘梳頭！現在我再也不用擔心頭髮會打

結。排毒時期很值得，因為我知道自己不會再干擾自己的荷爾蒙，也不會再傷害環境。

以下提供幾個停用或少用洗髮乳的訣竅：

1. 在上床睡覺前，花一到兩分鐘按摩你的頭皮。這會讓你覺得很放鬆，同時也可以把頭皮上的油脂推開，這樣就能不用頻繁洗髮。
2. 用豬鬃刷可以讓頭皮分泌的油脂從髮根分佈到髮尾。這個做法可以讓你的頭髮自然閃亮。

> **乾洗髮乳配方：**如果你的髮色較淡，可使用葛粉。如果你的髮色較深，則使用葛粉加可可粉。

停用洗髮乳

現在有很多停用洗髮乳來護理頭髮的方案，不過最常見的方式是在髮根使用小蘇打粉糊，再用一匙蘋果醋或白醋加一杯水稀釋後清洗頭髮。

少用洗髮乳

我自己也採取「少用洗髮乳」的方式。少用洗髮乳的意思就是你每隔幾天用不含硫酸鹽也不含聚矽氧的洗髮乳來洗頭髮。我會使用 Plaine Products 的產品。他們的產品是用鋁瓶裝，容器可以回收、消毒再重新充填。

洗髮餅

洗髮餅也是很受歡迎的選項。其實洗髮餅只是不加水的洗髮乳。你可以跟本地的肥皂商購買，也可以自製洗髮餅，甚至可以在藥局、雜貨店跟 Lush 買到洗髮餅。我自己使用洗髮餅的經驗很成功。使用洗髮餅有幾個訣竅。

1. 不要直接把洗髮餅抹在頭上——特別是不要抹在頭頂上。先用雙手磨擦洗髮餅。出現泡沫之後，再把泡沫抹到頭上。
2. 避免讓肥皂都集中在頭頂上。我會建議你要最後再洗頭頂。因為洗髮餅的濃度很高，可能會在頭上留下皂垢。皂垢沒辦法像一般洗髮乳一樣，用水就可以洗掉——你必須要用力擦洗才能確實洗乾淨。
3. 抓洗！幫自己的頭皮好好按摩一下——要至少按摩兩分鐘。確認你已經把所有的肥皂都洗乾淨。
4. 端看你用什麼洗髮餅、原本的頭皮油脂分泌量，以及使用的是軟水或硬水，你可能會需要用酸洗來平衡頭髮的酸鹼值。

45 去角質

去角質是很重要的護膚步驟。死皮可能會累積阻塞毛孔，讓你的皮膚看起來很沒有活力。

乾刷： 乾刷可以清理死皮細胞，同時刺激淋巴系統。你只需要用以天然鬃毛製成的刷子。從腳底開始刷，每次刷一部分，慢慢往心臟的位置上刷。再從掌根開始刷，慢慢往心臟的位置上刷。不要忘記要刷背、胸部跟腹部。

不需要用力刷；輕輕刷就很夠了。以逆時針方向刷，這整個過程大概會花三到五分鐘。你可以在乾刷完之後沖澡，剛好可以把所有刷掉的死皮細胞沖掉。

沖完澡之後，再用自己的潤膚餅塗抹身體。

去角質膏： 做臉部去角質的時候，要避開含微珠（塑膠微粒）的產品。盡量找使用紅豆、清潔穀物、糖或鹽等天然去角質原料製作的去角質膏。

如果每天都去角質會讓皮膚不太舒服，你也可以自製一些去角質產品，一星期使用一到兩次。

咖啡去角質膏

咖啡渣跟紅糖可以溫和去角質。咖啡當中的咖啡因也可以讓皮膚變亮變緊緻。紅花油會與皮脂結合，有助清理毛孔，也可以減少皮疹跟粉刺。同時還有助皮膚細胞再生，讓你的皮膚看起來更年

輕。所以也很適合加在自製去角質膏中。此外，紅花油不太油膩，讓你可以輕鬆沖洗，不會像椰子油一直黏在皮膚表面，反而阻塞毛孔或阻塞水槽。

2匙咖啡渣
2匙紅糖
1匙紅花油
¼茶匙香草精（可加可不加！）

把所有原料放在碗中混合。人站在淋浴間，把水關掉，全身都抹上混合好的去角質膏。做的量要夠多，至少可以使用一次。

沐浴乳

　　與其使用沐浴乳，請改用好的肥皂。通常肥皂都沒什麼包裝或完全沒包裝，即使在雜貨店也是如此。就算有包裝，通常也都是用紙或厚紙板，二者都可以回收或做為堆肥。

零廢棄物生活的 101 種方式

刮鬍膏

我很喜歡各種可以節省時間的妙方,所以如果我的自製方案可以有很多功能,我會很開心。如此一來,零廢棄物對我個人來說就更能永續進行。

自製刮鬍膏

¼ 杯不油膩潤膚霜(第 85 頁)
2 匙液體橄欖皂

把潤膚霜跟液體皂用攪拌器拌勻。拌好之後,就會有綿密、保濕、超級滑順的奢侈泡沫刮鬍膏。

你也可以完全不用自製刮鬍膏,選擇很滋潤的肥皂。你要找的肥皂要可以產生很多泡沫,所以要找使用滋潤且吸收率低的油製成的肥皂,例如:乳木果油跟篦蔴油。

面膜

你可以善用從周日護膚 #selfcaresunday 得到發想的自製面膜。自己製作面膜會讓你覺得又紓壓又有活力。彷彿超辣美女跟瘋狂科學家相遇之後迸出的火花。

酪梨小黃瓜面膜

小黃瓜跟酪梨都富含維生素 C，可以讓皮膚更明亮光滑。酪梨也富含油酸，可以減少皮膚發紅跟發炎。

1 匙酪梨
1 匙削皮的小黃瓜

用研磨及研磨杵把酪梨跟小黃瓜搗成泥。先把臉洗淨擦乾，再抹上酪梨小黃瓜泥。等十分鐘，再用溫水洗淨。

舒緩與保濕

抹茶富含抗氧化劑，可以幫助皮膚再生、讓皮膚緊緻，也可以對抗自由基。生蜂蜜可以抗菌，有助於預防粉刺面皰。

1 匙抹茶粉
1 茶匙生蜂蜜
2 茶匙蘆薈膠

把所有原料混在一起，敷在乾淨、乾燥的臉上。等它乾，大概要敷十五到三十分鐘。接著用溫水洗淨，再拿毛巾拍乾。

如果有黑眼圈或眼睛浮腫，在準備出門前，拿一點抹茶加水，敷一點在眼下。五分鐘之後再洗掉，眼睛就不會那麼浮腫了。

第四章

清潔

要改用天然清潔用品其實很簡單。

我接下來提供的所有配方

都使用家中廚房本來就會有的一些原料。

這些原料製成的清潔劑跟商店販售有毒性的清潔

劑

有相同的清潔效果,而且價格更便宜。

這就是零廢棄物一舉三得的好處

——對你的荷包好、對地球好、對健康也好。

多用途清潔劑

　　這是我個人最喜歡的多用途清潔劑。我會拿它來清潔各種東西，不過花岡岩跟大理石除外。我會拿這個清潔劑來擦拭木頭傢俱，同時也可以拿來清潔地板、窗戶、冰箱、馬桶、浴室吊櫃等等。這真的是很好用的多用途清潔劑。

自製多用途清潔劑

1 份溫水
1 份白醋（到雜貨店找玻璃瓶裝）

倒入灑水瓶中混合。

> 很多裝醬油、醋跟辣椒醬的玻璃瓶瓶口都很小。空瓶可以拿來當作清潔劑的瓶子。你可以在附近的五金行購買噴頭，把這些用過的空瓶變成環保清潔用品。

 **花岡岩跟大理石檯面清潔劑**

　　如果你家有花岡岩或大理石，就要避免使用醋或酒精，因為醋或酒精會磨損或侵蝕檯面。請改用下面這個比較溫和的清潔劑。

簡易花岡岩跟大理石檯面清潔劑

　　1 匙液體皂，

　　　　例如：Dr. Bronner's Pure Castile Soap（純橄欖油
　　　　　　　皂）

　　1 杯水

　　倒入灑水瓶中混合。

去味噴劑

　　伏特加可以消毒，也可以殺死引發臭味的細菌。你可以把這個去味劑噴在地毯、床舖、窗簾或衣服上。我在穿完衣服後，會噴一下去味劑，再掛起來晾一下。這樣就不用急著把衣服拿去洗。

自製家用去味劑

　　1 份伏特加

　　1 份過濾水

　　把兩種原料倒入灑水瓶，搖勻。去味不需要使用酒精濃度非常高的伏特加，也不用買很貴的伏特加。找價格比較便宜，同時以玻璃瓶裝的伏特加。

地毯去味劑

　　如果鞋子比較臭，或地毯有霉味而需要比較強的去味劑，請改用這個配方。小蘇打粉跟肉桂都有很強的去味效果！

簡易地毯去味劑

　　　1 份肉桂粉
　　　2 份小蘇打粉

1. 拿一個舊的香料罐，倒入肉桂粉至罐身 ⅓ 處，再倒入小蘇打粉，把罐子填滿。
2. 把混好的清潔劑灑在地毯上，或倒在鞋子裡面，放置至少四個小時。再用吸塵器吸起來。必要時多重覆幾次。

房間去味劑

如果你有朋友要來，所以希望家裡聞起來很舒服，可以試試這個配方。

快速房間去味劑

½ 杯白醋

1½ 杯水

3 支肉桂棒

拿一個鍋子，把所有材料倒進去後煮沸。把火關小後續煮五分鐘。把鍋子移到屋內任何一個需要去味的房間。

> 如果你想讓屋內的空氣清淨，可以跟本地的園藝店購買室內盆栽，或看看分類廣告上有沒有人要賣盆栽，也可以看看本地免費再利用回收（Freecycle）團體有沒有人有盆栽要送出。很多人搬家的時候都會把自家的室內盆栽賣掉或送人。蘆薈、白鶴芋、吊蘭、綠蘿、蔓綠絨、黃椰子等都是很常見，又有助於清淨空氣的室內盆栽。

洗手台與馬桶清潔劑

這是我最愛的清潔劑配方！潔淨效果好到彷彿在變魔術！

自製洗手台與馬桶清潔劑

> ¾ 杯小蘇打粉（可散裝購買）
> 2 至 3 匙過氧化氫
> 2 至 3 匙液體橄欖皂

把所有材料倒入小碗中拌好。混好後的清潔劑會呈現有點稠的泥狀物。拿竹刷把清潔劑抹到要清潔的表面上。靜置十分鐘之後再擦掉。

> 這個清潔劑也可以用來清潔烤箱！先塗上清潔劑，靜置一到兩小時，再噴醋讓小蘇打粉活化。清潔劑會發出嘶嘶的聲音，之後再拿刷子刷乾淨就好。

玻璃清潔劑

跟市面上的清潔劑相比，要用天然清潔劑清潔窗戶，就要有不同的清潔過程。

我會用 120 頁的多用途醋製清潔劑。把清潔劑噴灑在 100% 梭織純棉布上。先用噴濕的棉布來擦玻璃。再用乾棉布擦一遍。這會讓窗戶跟鏡子一樣亮晶晶，沒有擦痕。

如果還是有擦痕，可能要確保你用的棉布是不掉絨軟布，而且能 100% 吸水。把棉布放入洗衣機，加醋清洗一下，先排除纖維上可能會累積的肥皂，致使纖維孔隙阻塞，無法吸收清潔劑。

地板清潔劑

簡易硬木與層板地板清潔劑

在擦硬木地板時，不要讓地板濕答答地到處都是這個溶劑。木頭地板如果濕答答，水分可能會滲入地板，導致地板撓曲。

噴一點就夠了。其他就得靠臂力。

½ 杯白醋

1½ 杯水

把兩種原料加到灑水瓶中。可以在地板上噴一點，或把清潔劑噴到棉抹布上。

> **專家建議：**拿只剩一隻的舊襪子包住 Swiffer 乾濕兩用拖把，來拖地。

自製石板與瓷磚地板清潔劑

跟硬木地板不同，瓷磚地板不怕水。

2 加崙（約 9 公升）熱水

¼ 杯液體皂，例如：Dr. Bronner's 的液體皂

把兩種原料倒到很大的水桶中，配合棉製平拖把拖地。縫隙處則拿舊牙刷來處理。

手洗用洗碗皂

　　若你自己洗碗，可以用液態橄欖皂，不過洗滌鹼會有一點擦洗粉的成分，可以讓水變軟，玻璃杯就不會留下擦痕。

洗碗皂

1 杯滾水
½ 杯 Dr. Bronner's 純橄欖油皂
1 匙洗滌鹼

　　把茶壺裝滿水，放在爐子上加熱到水滾。把一杯水的量倒入一個大玻璃量杯，再加入一匙洗滌鹼溶解。洗滌鹼溶解後，加入液體皂，再把溶劑倒入給皂器空瓶中。使用前用力搖幾下。如果肥皂變得太稠，就再多加一點水。

你知道你可以自製洗滌鹼嗎？你只需要把小蘇打粉放在烘焙用淺盤中，再用華氏 400 度加熱。我會放在烤箱中一小時，剩半小時的時候攪一下。
小蘇打粉是碳酸氫鈉，而洗滌鹼是碳酸鈉。所以當你加熱小蘇打粉，化學結構就會因熱改變，釋出多餘的二氧化碳。

洗碗機專用洗碗精

　　其實用洗碗機會比手洗更省水。一般有能源之星標章的洗碗機都用大約 4 加崙的水，而一般廚房水槽的水龍頭每分鐘會流出 2.2 加崙的水。驚人吧！所以為了省水，請多多使用家裡的洗碗機。如果你要對環境更友善，請先確保洗碗機已經裝滿碗盤再用。

2 茶匙粗海鹽
2 匙碳酸氫鈉（小蘇打粉）
½ 茶匙手洗洗碗皂（見 116 頁）

　　這樣的量只夠洗一次。你可以事先混合小蘇打粉跟海鹽，簡化流程，之後只要拿給皂器按一次，加一點洗碗皂就可以按啓動了。

> 如果你家的水是硬水，你的碗盤可能會有水痕。為了確保玻璃杯沒有擦痕，我會用 126 頁擦窗戶的相同方式來擦玻璃杯。

洗衣精

　　我不建議完全用自製洗衣精取代商用洗衣精。許多自製洗衣精大部分都是洗衣皂，而洗衣皂可能會阻塞洗衣機，害你失去保固，而且還把衣服洗壞。我在開始零廢棄物生活前就使用自製洗衣皂，也曾因為沈澱的殘留皂毀了一套床單跟幾件衣服。（你的棉布如果不吸水，可能也是因為殘留皂！肥皂中的油脂會慢慢在紡織品上累積，到最後讓布變得防水。）幸好我沒有把洗衣機弄壞。

　　基於相同的理由，我也不建議使用無患子或栗子。這兩種東西都有皂素或肥皂。肥皂會慢慢在紡織品上累積，到最後讓布無法吸水，而且殘留皂會造成皮膚過敏。過去，人們都用肥皂洗衣服，但當時的人是用手洗。搓揉攪拌的過程可以確保不會有肥皂殘留。但現代的洗衣機攪拌的過程沒那麼確實，肥皂可能會殘留在衣物上。

　　如果你無法購買散裝洗衣精，請選擇用紙盒包裝的洗衣粉，並且確保你使用的洗衣粉可生物分解。我喜歡用淨七代（Seventh Generation）。在回收盒子的時候，可以先把盒子拆開攤平，並且把所有殘留的洗衣粉搖出來。

烘衣球

　　為了讓衣服舒適柔軟，你可以使用烘衣球。烘衣球會把衣物分開，讓更多空氣在衣物間流通，也因此可以縮短烘衣的時間。你也可以購買羊毛烘衣球，或自己動手做。

　　我自製的方式比較不按牌理出牌，因為我是用二手商店買到的100%羊毛衣當材料。我只需要把羊毛衣剪成小塊小塊，再把這些小毛衣塊集合起來變成像壘球大小的球體。

　　首先，剪幾個大約直徑8英吋的圓。在上面塞滿羊毛碎片。把這些羊毛碎片包起來，再用針線把頂部縫合，變成一個小球。

　　下次洗衣服就可以把羊毛球一起丟進去。洗跟烘兩到三次，直到羊毛完全變成氈毛狀。

　　如果你希望羊毛球要很圓，可以不用羊毛衣，自己用毛線捲，捲到差不多壘球大小就可以。

晾乾

　　把衣服放在烘衣機內烘乾可以比較快速乾燥。但每次把衣物放入烘衣機，衣服的纖維都會產生一點點小裂縫。這會縮短衣物的壽命，也會使衣物變形。你可以選擇用超環保的方式替代烘衣機：用風跟太陽讓衣物自然晾乾！如果天氣晴朗，床單大概曬一到兩小時就會乾。

　　你不需要買什麼厲害的東西來晾衣服。我在我家後院的一棵樹跟一根旗桿間綁了一條繩子來晾衣服。我也有竹製曬衣架，可以把衣服晾在屋內，如果天氣不錯，我會把曬衣架拿到外頭。我以前住在只有小小陽台的公寓，這個竹製曬衣架也很好用。

零廢棄物生活的 101 種方式

自製天然漂白水替代品

這個自製家用漂白水適用於任何顏色。我還用過這個漂白劑來洗白色絲綢。在漂白跟清洗時不要扭轉絲綢——只要輕輕把水按壓出來就好。檸檬汁、過氧化物跟太陽光會形成一道、兩道、三道漂白的元素。

天然漂白水

    1 顆檸檬的檸檬汁
    1 杯濃度為 3% 的過氧化氫
    1 匙液體皂，例 如 Dr. Bronner's Pure Castile Soap
        （純橄欖油皂）
    1 加崙（約 4.5 公升）熱水

在兩加崙（約 9 公升）的水桶中，把所有原料混合，再把待漂白的衣服浸到水桶中。浸十五分鐘。十五分鐘後，水溫應該就已經變溫，讓你可以在水中攪拌衣服。在水中攪拌衣服後，再靜置兩個小時，用冷水沖洗衣服，再拿到日光下曬乾。

去污指南

去污最重要的技巧就是立即處理。

- 筆跡：用藥用酒精抹到沾到筆跡跟墨漬的地方。
- 巧克力跟血漬：拿一個大碗，1：1 混合濃度為 3%的過氧化氫跟水，把沾到污漬的地方浸到溶液中，靜置五分鐘之後再沖洗。
- 口紅漬與油漬：拿洗碗精抹在沾到污漬的地方，搓揉，再用水清洗。接著再以醋跟水清洗。
- 葡萄酒漬：用白布沾濃度為 3%的過氧化氫，抹在沾到污漬的地方。靜置五分鐘，再以冷水清洗。必要時多重覆幾次。

第五章

當一個良心消費者

要避免從家裡丟棄很多物品
最好的方式就是避免讓這些物品進入你家。
所以要從購物習慣開始。
首先，我們要先評估自家已經有的資源，
並且以更有用的方式來重新分配這些資源，
重新規劃自己的購物習慣，
以避免未來又得丟掉大批廢棄物。

64 為你真正在乎的物品保留空間

　　我大膽猜一下，你家裡現在的東西應該有點太多。也許是衣櫥內的衣服有點太多。或許是抽屜裡面的衣物多到抽屜有時不太容易關起來。又或許是地下室或車庫內有一堆你想到要清理就頭痛的物品。

　　美國人通常都會過度消費。我們會購買很多一輩子用不到的東西或是只用幾次就丟到收納盒然後完全忘記的物品。我們會買這些東西，是因為我們常常在匆促間決定購買。也許是因為促銷，或東西看起來很可愛，或在當下看起來很適用。我們常常會購買自己根本不愛或根本不需要的物品。

　　這些東西就一直擺著，直到你把它清掉。它不會讓我們感到快樂，看到它的時候，我們也不會有什麼情緒反應。就只是填空間而已。

　　要過零廢棄物生活，就表示你的身邊只需留下你真正需要的東西——也就是真的會為你的生活帶來價值的東西。你會真的很享受你身邊的這些東西，而不是讓生活充滿各種物品。你會很審慎地選擇你要讓自己的身邊有哪些物品。

　　我要鼓勵你先看看自己擁有什麼，並且好好清理一下。要過零廢棄物生活，就不要再囤積物品，也不要想著要擁有一切。而是要讓生活更簡單，把時間花在自己真正在乎的事物上。如果真的愛自己擁有的這些物品，就會更用心照顧他們。要減少廢棄物，就要用心保養我們擁有的物品。

　　雖然我會建議你先清理自己的物品，我的意思不是叫你把這些

東西拿去丟到垃圾掩埋場。而是把你擁有的這些資源重新分配。把你沒用的這些物品送給他人，讓其他人來使用、愛護、珍惜這些物品。在你重新分配資源的同時，也可以避免人類消耗更多地球的資源。你可以讓二手商品的市場更活絡，也可以讓現有資源用更久，避免消耗新資源。

在整理自己擁有的所有物品時，請分成四大批：要保留、要用完、要捐贈、要丟棄。

請你整理家裡每個櫥櫃、每個抽屜、閣樓跟地下室。你會有一大堆物品要整理。事實上，你可能會發現很多自己根本不記得的物品。當你真的好好審視自己到底擁有多少物品，你會嚇到。如果要你一次把所有東西都清理出來，會讓你覺得不知所措，你可以一步一步來。一次先處理一個櫥櫃或一個抽屜。好好花時間審視你擁有的物品。或許還可以記錄一下。嘗試觀察自己看到這些物品有什麼感受，更重要的是，學習把自己的感受跟這些物品分開。

以下有幾個你要考慮的問題：

- 這個物品很必要嗎？
- 這個物品是從哪裡或從誰那裡來的？
- 你花多少時間在使用這個物品？
- 你多久會使用一次這個物品？
- 這個物品會為你的生活增加價值嗎？
- 你會每星期使用一次嗎？
- 你愛這個物品嗎？
- 有沒有其他人比你更適合使用這個物品？
- 如果你今天要購物，你會再花錢買這個物品嗎？

有些物品可能可以很快分類。有些則會屬於灰色地帶。盡可能減少灰色地帶的物品。我會建議把灰色地帶的物品先用箱子裝起

來，放在一邊三十天。如果你三十天都沒想到這些箱子內的物品，就不要打開，直接捐出去。

要保留什麼

很多收納的書籍都會告訴你先找出自己不喜歡、想丟棄的物品，但我會建議你先從自己真的很喜愛的物品開始。我們對很多自己擁有的物品都會有很矛盾的心情。但我們真正喜愛的物品其實不太多。先從你真正喜愛的物品開始──不是喜歡而已，而是真正全心喜愛。這些是你要保留的物品。其他物品都可以放在捐贈清理的範圍內。

當然，我們也要保留自己需要的物品。比方說，我看到洗衣機不會很興奮，我也不會說我真的非常喜愛我的洗衣機或喜歡我的洗衣機，但我很喜歡乾淨的衣物……也不喜歡衣服聞起來很臭。確保自己也把真的需要的物品納入考量。

什麼要用完

不要失去理智，想著什麼東西都可以丟掉，像是用一半的鋁箔紙或用到一半的洗髮乳。我們在（訣竅 24）提過，把東西丟掉完全違背了零廢棄物生活的原則。但我可以完全理解你不想再用這些產品，因為你怕這些東西對自己的皮膚、家庭或食物會有不好的影響。或許你覺得這些東西充滿毒素，不希望再跟它們有任何接觸。如果是這樣，可以問問看有沒有朋友或家人平常就會買這些產品，看他們是否願意拿去用。把這些東西送給其他人用並沒有什麼問題，畢竟大家平常都購買這些物品。把他們送人總比丟到垃圾掩埋場好。這樣做可以減少我們使用的新資源，儘管只節省了一點點。

這一堆物品應該都要品質很好。我不建議你把所有的物品都拿到附近的二手商店。很多時候，我們把東西打包送到物資捐贈中心，但這些東西根本沒機會見到貨架。捐贈的物資實在太多。這些二手商店沒有足夠的人力可以整理所有的物品，而且有很多東西的品質其實沒有好到可以拿出來賣。很多捐贈的物資到後來都會直接被運送到開發中國家或直接丟到垃圾掩埋場。這些大家不想穿的衣服被大批送到沒有適當廢棄物管理設施可處理的開發中國家。這不只對環境很危險，同時還衝擊到當地物品的價值。

因此，請按照以下的捐贈順序來捐贈自己不要的物品。

捐贈順序

友人

我會以朋友為第一優先，但你要先確保朋友真的想要這些物品，而且真的會使用這些物品。不要硬讓朋友接收。我剛開始簡化自己的生活時，必須把很多物品捐出去。我有一台自己很愛的 Margaritaville 攪拌機，真的很喜愛，但我使用的頻率很低。它是一台很大的廚房家電，常常都被塞到櫥櫃的最後方，每次要拿出來用都要搞很久。我的廚房其實沒有足夠的空間，所以我很少用。事實上，我每次要自己做瑪格麗特雞尾酒，都直接

拿冰塊來用，因為光是要把 Margaritaville 攪拌機搬出來擺好，實在太費功夫。這樣的資源在我家其實很浪費。這台攪拌機很新，品質很好，又很貴，但卻在櫥櫃裡堆灰塵。我知道它到別人家可能會更適合。

我有個好朋友剛剛花錢在家裡弄了個吧台。我知道他們家的吧檯少了什麼──一台 Margaritaville 攪拌機。我打電話給他們，問問他們願不願意接收這臺 Margaritaville 攪拌機。他們非常開心！好處是，我現在想喝瑪格麗特雞尾酒，都可以去找他們。

把自己不需要的物品送給朋友，好處是如果你自己哪天需要用，還可以再跟他們借。你等於是不用自己存放這些物品，但還是有機會可以用。這實在是一舉數得。

賣出去

如果我可以因為把物品賣掉而賺一點錢，我會比較願意放棄某個物品。你會有幾個選項：利用傳統的車庫大拍賣／後院大拍賣，或只賣特定物品。

我剛開始簡化自己的生活時，沒有足夠的東西可以給後院大拍賣。我擁有的高品質、昂貴物品主要都是名牌衣服，而衣服拿到後院大拍賣的效果通常不太好。所以我把名牌衣服拿到名牌衣物寄售店去，他們就會幫我處理一切。我不用擔心要列清單或拍照。完全不用我插手。名牌衣物寄售店簡

化了很多程序，我只需要在衣物賣出去的時候等著收支票。

　　如果你很有耐心，也有時間，你也可以自己把個別的物品賣掉。名牌商品可以放到 eBay 上販售。你也可以到 Craigslist 賣比較大的物品，如傢俱或家電。

特定的慈善機構

　　與其把所有的東西都裝箱拿到附近的二手商店，不如找找看有沒有慈善機構或非營利機構正在募集特定物品。你可以重新分配手上的資源，同時還能支持自己的社區，這實在是太棒了！

- 剩餘的建材或傢俱？請聯繫你家附近的 local habitat for humanity 組織。他們會用這些建材來進行建築工程，或在他們經營的二手商店內轉售，好募款支持他們的建案。
- 寢具、毛巾、報紙或一大堆碎紙？打電話給附近的動物收容所；他們永遠都需要這些物品。
- 額外的女性衛生用品？問問附近的街友收容中心或婦女收容中心。他們常常需要募集這些物品。
- 不錯的上班服或西裝？像 Men's Warehouse 這類的商店每年都會舉辦募集西裝的活動，為想進入職場的男女收集西裝。另外也可以跟街友收容中心聯絡，因為他們也有一些計劃會幫助街友準備工作面試用的服裝。
- 用過的化妝品？問問附近的婦女收容中心。他們時常會提

供要去參加工作面試的婦女化妝品，或者你也可以把化妝品送到 Beauty Share 計劃。

- 太多美術材料或手工藝材料？很久都沒碰的樂器？把這些物品捐給附近學校的藝術學系。
- 太多件不穿的禮服？何不把你的禮物送給某個家境較貧困，無法負擔禮物的女孩？
- 書太多？捐到學校圖書館、公共圖書館或當地監獄（只能捐平裝本！）。

我保證，你不管擁有什麼物品，外頭一定都有另外一個人會需要。

二手商品店

你剩下的物品還是可以送到附近的二手商品店。但請把二手商品店當做最後手段。

盡可能把物品捐給特定慈善機構，雖然會比較花時間。當然，把所有的物品都送到非營利慈善組織（Goodwill）會比較簡單輕鬆，但至少你可以確定你的物品會有人拿去用！而且，多花點功夫對你有好處。我們現在這個社會到處都講究便利。所有的東西都只需要按一下，明天就會出現在我們的家門口。我們生活的這個社會講究即時，不僅鼓勵過度消費，還認為過度消費很正常。如果覺得要重新分配自己的物

品會讓你很難過，那你就會從頭開始認眞思考你購買的每件
物品，因爲你不想改天又必須再來一次。

有時候，你會有一些明知自己不需要的物品。這些物品沒什麼用。也不會讓你的生活更豐富，但你內心就是有個角落不肯讓你放手。原因可能很多。或許是某人送的禮物；或許是來自某個已經過世的親人；或許這些物品跟某個回憶、某個人或某個時刻有關。這些物品讓你可以感受到這些連結，所以你要如何放手？

我在成長的過程中，一直喜歡收集紙跟禮品。就算是我很討厭的禮物，我還是沒辦法把它丟掉。這個禮物代表愛。它讓我可以永遠與另一個人連結，所以我必須要把它擺在某個特別的地點……看不到或用不到……但在必要時可以提醒我這個人的愛。

聽起來很耳熟嗎？

我有一整個櫃子，塞滿我用不到或不喜歡的東西！但某一天，我忽然間頓悟了。當時我 21 歲，住在奧地利。跟某個朋友一起出門晃晃，晃到一家店裡，我還找到一條我很喜愛的圍巾。但後來我決定不要買，因為我覺得我不需要。我們繼續往下走，不時逛逛商店，拿著兩瓶啤酒跟椒鹽捲餅往薩爾察赫河畔走。我們坐在河邊，我有點後悔剛剛沒有買那條圍巾，我朋友說了一句話，時至今日我仍然謹記在心：「那就只是一件物品而已。只是東西。」

這句話讓我印象深刻。我為什麼從來沒有用這個簡單的原則來看待我擁有的物品跟我所有的東西呢？

你的回憶並沒有存放在你的物品中。

你跟他人的關係也不需仰賴這些物品。

這些物品不代表你的愛。

你的物品也不代表你。

我回到家以後，終於可以開始清理那個櫃子。裡面都只是東西。只是東西。你必須學會把情感跟物品分開。物品沒有感情。有

這些感情的人是你。

這個物品是人家送的禮物：禮物的功能就是送人。你收到了嗎？既然已經收了，你也已經完成你的工作。你擁有這個禮物，既然你就是這個禮物的擁有者，你就可以決定要怎麼處理它。不要再有什麼罪惡感。你已經讓對方達到送禮的目的了。

這個物品是家族傳下來的寶物：家族中有沒有其他人想要？如果只是擺在閣樓裡堆灰塵，那算什麼寶物？也許它能為另一個人帶來喜悅？如果是這樣，或許你該想想把它傳給另一個家庭。

這個物品是某個已經過世的人留下來的：如果你根本不用這個物品，我不太確定留著有什麼用。你跟對方的關係絕對比這個物品代表的意義更深，而且一個物品也沒辦法把他們帶回你身邊。

訣竅與竅門

我並不反對留著一些對你來說很特別，而且會讓你想起某些回憶的物品。我自己就有一個鞋盒，裡面裝滿我曾看過的表演節目票券。只是不要太誇張。把這些物品控制在一到兩個盒子，不要又讓屋裡出現充滿「回憶」的閣樓。

放手的時候，可以在雜記裡面記錄下來。如果對某個物品有強烈的感情，有時候直接把這些情感用文字抒發是不錯的方法。描繪這個物品、談談你看到這個物品時會回想起什麼回憶。當你感到有點念舊的時候，就翻翻雜記。你可以保存所有的回憶，但不用有任何實體的物品佔據空間。

你也可以拍照記錄。把每一樣你喜愛的物品都拍照，再把照片存放在書中、相薄或外接硬碟中。想念的時候就把相片拿出來翻翻，這樣你就能保留所有的情感，不用一定要保留多餘的物品。

零廢棄物生活的 101 種方式

怎麼買東西

　　現在已經把所有的物品整理完畢，接下來就要好好改變自己對未來的想法。整理你所有的物品可不是要讓你有藉口可以再到外面買一大堆東西回來，塞滿每個空空的抽屜。現在，每一樣經過家門，進入你家的物品都要有意義、有重量。

　　請好好享受自在呼吸的空間、學習愛上沒有物品堆積如山的空間。學習愛上沒被物品綁架的自由。我們擁有的東西愈多，就愈容易被這些東西綁架──讓我們無法好好生活。放掉所有額外的東西，應該會讓你覺得更輕鬆、更快樂。周遭不再有好幾百樣物品不斷吸引你的注意，可以自由自在地把注意力放在你真正在乎的事物上。

　　如果我們真的很喜愛某些物品，就要仔細地照顧它們。零廢棄物不是讓自己刻苦生活。我再強調一次：「不是讓自己刻苦生活。」零廢棄物是一個工具，幫助你重新思考每個購物的決定。

　　買東西並不邪惡，買東西並沒有錯，問題在於我們消費的方式。首先，我們過度消費。其次，我們過度消費買錯誤的東西。我們買的東西品質不好，而且製造商原本就等著你把它丟到垃圾掩埋場。

　　我們使用的許多日常用品實際製造的地點都沒有很嚴格的法令規範。工人低薪、不重視安全、沒有廢棄物管理設施，使工人的工作環境充滿毒素，也危害附近社區的生活環境。

　　這些物品是以航運穿過半個地球運到美國。船隻一靠港，這些物品就由貨車運到全國各地，到你家附近的商店。你在店裡買了這

些物品、帶回家，用沒多久就丟進垃圾桶。我們對我們使用的供應鏈非常無感，而這樣的情況必須改變。

> **買東西之前，請先自問：這是誰製造的？我會支持這樣的做法嗎？這個東西來自哪裡？可以修理嗎？我用完之後，要怎麼處理？**

當你開始深入了解供應鏈，了解每樣物品背後的細節，你可能會覺得有點無法招架。但請一定要記得——在線性經濟中購物，其實沒有所謂完美的決定。至少在此時沒有所謂完美的決定。你只能針對特定的情況，來決定當下最好的決定。

什麼都不買

你真的需要你此刻想買的這個物品嗎？請在買任何物品前先審慎深入思考。我都會參考第 15 頁列出來的流程圖。

這張流程圖的主要目的就是要避免不必要的購買，但有時候走完整個流程還是會買幾樣物品。我記得 2015 年，我在準備感恩節的派對——這是我第二次主辦這樣的派對。當時我沒有馬鈴薯壓泥器。我還記得我在 2014 年就很想要買一隻壓泥器。用叉子來壓一大堆馬鈴薯真的不是很方便。

所以我就跟著流程圖走。

我需要嗎？

對。

我每星期會用超過一次嗎？

 我超愛馬鈴薯泥。每星期至少會做一次。

這個東西可以達到不只一個功能嗎？

 可以，我可以拿它來壓馬鈴薯、酪梨、鷹嘴豆、蛋沙拉、花椰菜、蕃茄等等。

這個東西獨一無二嗎？

 叉子沒辦法跟壓泥器一樣有效率。

這個東西可以豐富你的生活嗎？

 可以！

 按照流程圖，我覺得可以買，所以就買了壓泥器。還不是隨便買哦！我買的壓泥器很堅固、品質良好，每次看到這個壓泥器，我都覺得很開心。

 對，我看到壓泥器都很開心。知道為什麼嗎？因為我有等待過，也先審慎思考過，知道我需要這個物品。因為很認真思考後才購買，所以現在我每次看到我的壓泥器，都會很開心。你買的每樣東西都應該要讓你覺得很開心。即使是像壓泥器這麼簡單的東西。

 你如果認真了解供應鏈，並且很認真地思考你所擁有的物品，那就算是小東西也會讓你覺得很愉悅。想像一下，在你擁有的空間中，擁有的每樣物品都會讓你覺得很快樂。我可以用個人經驗跟你分享，這樣的經驗會改變你的一生。

去哪裡買

二手

若是無法什麼都不買,那比較好的作法是購買別人已經買過的東西。購買二手商品表示你不用消耗新的資源以滿足自己的需求。

二手商品市場有很多有用的物品。我現在幾乎每一件傢俱、衣物、廚房用品跟電器都是二手商品。不僅比較便宜,而且看起來跟全新的商品沒有什麼差別。我找到的大部分二手商品都還有原始的標籤,或還放在原來的包裝盒內。大部分的人都擁有太多物品,也很想清理這些物品,就像你之前要花很多功夫清理家裡的物品一樣。這些物品的狀態都很好,只是原來的所有人用不到。

我會鼓勵你先到二手商品市場尋找自己需要的物品。你會很驚訝自己可以找到那麼多東西。到附近的二手商品店尋寶,或上網搜尋想買的二手商品。分類廣告上常常會有本地的二手商品,也會列出附近每星期辦一次的車庫二手商品大拍賣跟搬家大拍賣。你也可以看看 eBay 上有沒有人賣家用品、衣物跟電子用品。我也很喜歡 thredUP 網站,因為你可以到這個網站找特定的衣物。

別忘了先問問看親友們有沒有你想要的物品!我每次要找特定物品時,都會先打電話問問親友,看他們有沒有剛好用不到的物品。我都會說我要跟他們買,但大部分的時候,他們如果剛好有,都會直接免費送給我。

在本地購物

如果在二手商品市集找不到你需要的物品,就找找看本地製造

的商品。在本地購買這些物品可以支持在地經濟，還可以確保品質。可以看得到、摸得到某個物品再買，比起只看網上的照片來得好多了。

同時還可以節省碳足跡。想想看為了要把這些物品從半個地球外的產地運送過來要耗費多少資源。在購買消耗品時，我會特別注意遵循這個原則。跟其他商品相較，我們購買消耗品的頻率一定最高——例如：食物、飲料、肥皂等。但是，我在購買其他商品時，也會應用這個原則，比方說，我會到由本地藝術家、鞋匠跟裁縫師等工匠經營的專賣店購買物品。

一般而言，這類商店都不太會有很大的網路商店。至少在我所在的小鎮沒有。我會發現這類商店，都是散步時發現，或是問問其他看起來對這個城鎮很熟的人。你有沒有某位朋友對你居住的城鎮很熟呢？問問他們知不知道有沒有人有養雞或養山羊，而且在販賣雞蛋或羊奶。問問他們有沒有認識誰會自製肥皂，或是要去哪裡找人修改衣服或修理鞋子。

請務必要先看看本地有沒有。我保證你所居住的城鎮一定有人可以幫你找到提供這些商品或服務的人。

道德與永續

如果你所居住的城鎮沒人可以幫忙，那就該看看其他地方有沒有了。網路的出現，讓很多有共同目標的人可以群策群力。現在每天都有很多零廢棄物商店出現。Etsy 網站上也有很多很棒的商店，而且很多都可以針對你的需求量身訂製。

不過網路購物就得遞送運輸。遞送運輸本身無法達成零廢棄物，但有時候你真的沒其他辦法。我們現在的經濟還不是完美的循環經濟。我們只能在自己所在地盡可能減少廢棄物。在找商品的時候，請記得要確認這些產品與你的理念相符。問問自己：這些產品

是怎麼製作的？製作的方式是否符合道德？製作方式環保嗎？這家公司是否支持閉迴路製程？這個產品本身會讓我的生活過得更永續嗎？這個物品可以修理嗎？我用完之後，要怎麼處理這個產品？

無法永續，但可以用很久

這是整個清單中最不理想的選項，但有時候卻也是唯一的選項。如果你真的得購買某個與你的理念不符的產品，請確認它至少可以用非常非常久。減少你購物的頻率也可以幫助地球。如果必須購買某個無法永續的物品，那請確保你未來不需要再購買相同的物品。

當然，說起來很容易，但要實際在生活中實踐其實會比較難。所以我唯一能要求的，是請依據你自己的情況做出最適當的決定。零廢棄物不是要求完美；而是請你做出更好的選擇。這場仗最難打的部分，有九成五都是要做出明智的決定。只要能做出明智的決定，了解你正要購買的是什麼樣的產品，來自哪裡等等，你就已經很棒了！

購物注意事項

　　遞送運輸會製造很多廢棄物，除了碳足跡，還有聚苯乙烯包裝填充物等等。

　　對你來說，最好的作法是發聲。詳細說明你的包裝要求。通常在線上購物時，都會有個地方讓你留言給賣家。你可以要求賣家包裝時不要用塑膠。要求他們使用紙膠帶跟牛皮紙。記得一定要強調你不要塑膠。大部分的賣家都會遵照你的要求。

　　我希望你的賣家會遵照你的要求。當然，你收到的牛皮紙可以回收，紙盒也可以回收。不過，我有一些建議供你參考。回收需要耗損能源，也不是最好的解決方案。我們應該要盡可能在回收前物盡其用。

牛皮紙

- 用牛皮紙當禮物包裝紙
- 剪成小張紙條，列購物清單
- 用來當草稿紙或繪圖紙
- 用來包裝包裹
- 公司內如果有運輸部門，就拿去給公司用
- 拿去 UPS 商店或其他提供遞送服務，而且會回收再利用包裝材的商店
- 堆肥分解
- 回收

- 用它來裝別的物品，或拿來包禮物
- 用來收納
- 送給準備搬家的人
- 看看附近商家是否需要用箱子來遞送物品
- 用來製作學校的作業或創作藝術品及手工藝品
- 回收

如果你的物品送到的時候，是用塑膠袋或塑膠膜包裝，到plasticfilmrecycling.org 看看，附近可能有可以回收塑膠膜的地點。你沒辦法把這類塑膠品直接拿到路邊的垃圾桶回收，但大部分的雜貨店門口都有一個箱子可以讓你回收舊的塑膠袋跟塑膠膜。

如果你收到東西以後，有一堆保麗龍包裝填充物、氣泡布或其他塑膠材料，盡可能收齊，再拿到 UPS 商店或其他提供遞送服務的商店，他們會再拿來用。這不是完美的選項，但至少可以回收再利用。如果大家都能回收再利用包裝填充物，企業就不需要再製作新的包裝填充物。

第六章

工作、學校
與外出用餐

我們工作的地點會產生很多廢棄物，
我們無法可施。
但這並不代表我們沒有辦法可以對抗
每天在日常生活製造的廢棄物。

鋼筆／自來水筆

改用鋼筆是我最開心的**轉變**。現在我工作時，桌上隨時都會有兩隻鋼筆跟一瓶墨水瓶。鋼筆很好寫。我過去一直認為因為自己是左撇子，不適合用鋼筆，但我真的大錯特錯。鋼筆是我用過最好的書寫工具。用鋼筆寫字會改變你的握筆方式，所以寫字時你的手會在筆的下方，而不是在筆的旁邊或上面。現在我的小指頭再也不會沾到墨水！（各位讀者如果是左撇子，一定非常了解為什麼小指頭會沾到墨水。）

鋼筆分成使用卡式墨水跟吸墨器的鋼筆。卡式墨水中本來就已經有墨水。你得一直買卡式墨水，而且也會造成很多不必要的廢棄物。所以請找使用吸墨器的鋼筆。你的筆快沒水時，你可以自己用一瓶墨水瓶來補充墨水。價格一定比購買卡式墨水便宜，而且產生的廢棄物也比較少。墨水是裝在玻璃墨水瓶中，所以一旦用完，瓶子可以回收再利用。

零廢棄物生活的 101 種方式

回收紙與雙面列印的紙

　　你可能無法控制你的辦公室購買哪一類的紙，但若是你的家庭辦公室，請購買 100%的回收紙。

　　調整電腦的設定，以確保你每次列印都是雙面列印。你也可以改變字型以減少列印的墨水用量。例如：Garamond、Times New Roman 與 Helvetica 等字型。

垃圾桶

　　如果你在辦公桌旁擺著垃圾桶，而負責清理垃圾桶的人不是你，那通常你丟的垃圾大概都不會分類。你如果有需要回收的垃圾，請不要丟到辦公桌旁的垃圾桶，走到回收桶丟。額外的好處是你可以起身動一動！

　　我的辦公桌上都會有很多文件，所以我後來就把辦公桌下方的垃圾桶改成回收桶。假如你也有類似的情況，問問清潔人員；他們可能會有回收用的藍色垃圾桶，也可以幫你把垃圾桶換成回收用的垃圾桶。

71 做好準備，
使用可重覆利用的物品

　　我很幸運，因為我的辦公室有個小小的廚房，配備微波爐、小烤箱，真的盤子跟杯子，以及真的餐具。我的辦公室一直都很支持環保計劃。辦公室內的回收垃圾箱還寫著「不回收者死」。我也發現，當你真誠投入，就可以影響周圍的人。我看到很多人選擇使用真的盤子與餐具，不用紙盤跟塑膠餐具，因為他們見識到我的零廢棄物生活，也了解原來要做到零廢棄物其實很簡單。

　　有時候，你必須以身作則。

　　在我們辦公室的廚房中，有空間可以存放其他物品，像是金屬餐盒、濾茶器、可重覆使用的吸管跟橄欖油等等。如果你的辦公室沒有這樣的空間，你可以想想怎麼把某些物品存放在你的辦公桌空間裡。

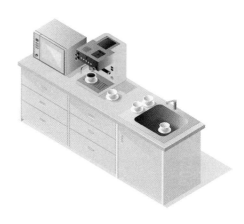

公司計劃

　　端看公司的規模，你可以思考自己可以有哪些改變，以減少廢棄物。你們公司有沒有永續小組負責特別的計劃？我的公司不是很大，所以沒有永續小組，不過我有幾個朋友在他們的公司都擔任永續小組的成員。他們的工作是推出環保的計劃，並且在公司推廣這些計劃。他們的工作主要是想出一些簡單的改變，再把這些改變拆成超簡單的步驟，讓大家都可以參與。這個過程中，他們或許還可以幫公司省錢，「節省資源通常都可以省錢」。

　　我朋友在公司的咖啡館放了一個標示，請大家在伸手拿吸管前多想想是否真的有必要，也因此大幅減少吸管的使用量。我另一個朋友在辦公室設置了堆肥桶，辦公室所有的食物殘渣就不會直接丟到垃圾掩埋場。即使是這樣的小改變，到最後都可以帶來很大的影響！看看你的公司是否也可以有這類全公司適用的計劃。

　　我會建議大家先從簡單的垃圾分類開始。讓其他員工了解在你們所在的城市，哪些物品可以回收垃圾，哪些物品不能回收。再把可回收垃圾的圖片貼在回收垃圾桶上。這樣大家就可以很輕鬆地辨識哪些垃圾要放在哪個垃圾桶。

自備午餐

如果你習慣外帶或購買零食來當午餐，那午餐可能會產生很多廢棄物。要避免產生這類廢棄物，同時還可以省點錢，最簡單的方式是自備午餐跟零嘴。我有一個便當袋，裡面會放我的早餐、午餐、零嘴以及其他物品，像是我的錢包跟手機。我在規劃該星期的午餐時，通常會依據簡單的原則：兩份沙拉、兩份三明治與一份剩菜。我有時候也會變化一下，換成湯或小沙拉。

> **節省時間的妙方！**煮湯的時候多煮一點，把湯裝在 16 盎司（約 450 毫升）的梅森玻璃罐，再凍起來。如果我很趕的話，就可以直接把梅森玻璃罐從冷凍庫拿出來。到午餐時間，裡面的湯也已經解凍，午餐時就可以利用微波爐加熱。

工具

密扣玻璃保鮮盒（或其他玻璃保鮮盒）、金屬餐盒、不同大小的梅森玻璃罐與餐巾。

我最喜愛的上班餐點

早餐：

- 放隔夜的燕麥（梅森玻璃罐）
- 奇亞籽布丁（梅森玻璃罐）
- 果菜汁（梅森玻璃罐）
- 新鮮水果
- 自製穀麥跟優格（梅森玻璃罐）
- 糕點（金屬餐盒或餐巾）
- 藍莓馬芬蛋糕（金屬餐盒或餐巾）
- 香蕉堅果麵包（金屬餐盒或餐巾）

沙拉：

- 墨西哥玉米薄餅沙拉（用梅森玻璃罐一層層疊好）
- 凱撒沙拉（用梅森玻璃罐一層層疊好）
- 蔬菜沙拉（用梅森玻璃罐一層層疊好）

我喜歡用 32 盎司（約 900 毫升）大的梅森玻璃罐裝沙拉跟配料，再拿一個 4 盎司（約 100 多毫升）大的玻璃罐裝沙拉醬。我不喜歡直接拿梅森玻璃罐來用餐。用罐子吃比較難每口都吃到各類配料，所以我會把東西倒到盤子或碗中。

湯：

- 蕃茄湯
- 烤紅甜椒濃湯
- 鷹嘴豆湯與義大利餃
- 綠花椰菜與乳酪
- 南瓜湯

- 小扁豆蔬菜湯

我會用 16 盎司（約 450 毫升）的梅森玻璃罐來裝湯，比較方便拿來拿去。

三明治：
- 花生醬與果醬三明治
- 烤蔬菜潛艇堡
- 無肉肉丸潛艇堡

我超愛三明治。兩片麵包之間可以有無限的變化組合。我會用金屬餐盒來裝三明治。

配菜與零食：
- 當季水果：橘子、蘋果、莓果或一根香蕉
- 散裝零嘴，像是德式椒鹽麵包或穀麥
- 自製什錦果乾
- 巧克力豆餅乾
- 蔬菜棒與鷹嘴豆泥
- 水果乾
- 能量棒

我通常每天都會準備兩個配菜，用金屬餐盒或梅森玻璃罐來裝。因為這些零嘴都有一至兩星期的保存期限，所以我家中通常都有這些東西。

這裡指的一根香蕉是一根一根賣，而不是整串或半串賣的香蕉。除非你自己住在生產香蕉的地方，香蕉本身的碳足跡很可觀。為了盡量降低碳排放，請購買一根一根賣的香蕉。通常雜貨店如果賣不出去，最後就會把只剩一根的香蕉丟棄。所以如果你愛吃香蕉，可以購買這些只剩一根的香蕉。

零廢棄物生活的 101 種方式

74 外賣

想降低廢棄物的量，並不代表你不能到外頭的餐館購買餐點帶回家吃。

如果我想要試試新的餐館，我會先打電話給餐館，詳細說明為什麼會有特殊的要求，其實很簡單。到最後，我可以用自備容器外帶食物的成功率是98%。事先打電話還有另一個作用。如果對方不願意讓你使用自備餐盒，你又很趕，當場解釋很浪費時間。

我會盡量避免在尖峰時間去新的餐館，因為新開幕的餐館要忙的事太多，比較不會願意配合特殊的要求。我通常1點半才吃午餐，因為我通常要到這時候才會覺得餓。大部分的餐廳這個時間比較不會那麼忙。

如果有人看起來非常無法理解你要自備餐盒的要求，你也可以跟餐館說你要內用。等餐點送到，你再拿自己的餐盒裝好離開。我盡可能避免這麼做，因為這代表得多洗餐盤，即使我不是負責洗碗的人。不過有時候真的沒有別的辦法。

小費給多一點，盡量有禮貌也很有幫助！下次餐館的人再看到你拿著自備餐盒上門，開心的程度可能會讓你很驚訝。

有些人也曾經成功地自備餐盒到 Nations 跟 Chipotle 等速食連鎖餐廳外帶餐點，不過一般而言，大部分的大型速食連鎖餐廳配合度比較低。小型家庭餐館都很配合。他們通常會願意配合，因為他們很清楚，外帶免洗餐盒也要成本。而且你還可以支持社區內的商家。你可以跟餐館老闆建立關係，小商店的老闆很重視自己的顧客。他們通常也很願意配合社區內發生的大小事，所以跟餐館老闆

建立良好關係，也可以讓你有機會提昇他們的環保意識，進一步減少顧客會產生的廢棄物。大型的連鎖餐廳會比較疏離，因為他們必須向企業總部負責，也比較沒有制定決策的權力。

我能給的建議就是發揮你的潛力。你必須要有自信。你並不需要請求他們使用你的自備餐盒，並不需要他們的許可。請面帶微笑，告訴他們你的要求。比方說：「你好，我要買這個三明治，請用這個金屬餐盒裝。」微笑：「謝謝你。」目前為止還沒有人拒絕我。帶著自信而且禮貌地要求（請注意我一直強調要很有禮貌）會改變雙方的權力互動。如果你提出問題，那你就把決定權交到對方的手上。如果你是直接告訴他們怎麼做，那決定權就在你手上。你的自信展現會讓他們認為這是非常自然的一件事。如果對方看起來很困惑或覺得不自在，我會說：「我一直都這麼做。」讓他們認為這不是什麼大事……因為這確實不是什麼大事。我也真的一直都這麼做。表明這件事通常會讓對方不會那麼擔心。

我很希望我根本不用提這件事，不過請確保你攜帶的自備餐盒尺寸合適，而且很乾淨。不要帶一個很髒的容器。餐館人員不會幫你洗，而且你也不會希望留下不好的印象。

外出用餐

如果你是在不錯的餐廳用餐，那你會使用的可能都是真的餐盤、玻璃杯跟餐具。我實在很難想像到高級餐廳用餐，結果上桌的菜居然是用紙盤裝。你能想像嗎？不過如果是小餐館，那就說不定會遇到拋棄式餐具。

我要去新餐館前，都會先到餐館的網站上了解一下狀況，看他們是用什麼餐具。他們會用真的餐盤嗎？會提供餐巾嗎？照片中人們的飲料有用吸管嗎？事前先注意這類的跡象就可以幫助自己減少廢棄物。你到餐館的時候可以做好萬全準備，攜帶可重覆使用的吸管，或跟餐廳說你的飲料不用吸管。我不會太擔心餐巾紙的問題──我會自己帶回家裡當堆肥。我也會攜帶金屬餐盒，這樣如果有剩下的餐點，我就可以裝回家。

如果你要去的小餐館使用一次性餐具，你還是可以帶自己的餐盤。我都會自備餐盤，到公司對面的咖啡館消費，他們覺得這個作法很棒！我只需要把盤子帶回公司，再拿到小廚房洗。

有些餐廳用真的餐盤跟杯子，特別的冷飲卻用免洗杯裝。我每次看到都覺得很怪，但如果碰到這種情況，我會要求餐廳用真的杯子，不要用免洗杯裝我的飲料。他們通常都樂意配合，你只是需要勇敢提出要求。

第七章

旅遊與交通運輸

旅行會對你的零廢棄物奮鬥帶來很大的挑戰。

要擺脫過去建立的習慣真的不容易。

我要再提醒一下，零廢棄物生活不代表零排放，

但我會說明在旅行時，除了減少你留下的廢棄物，

還有哪些方式可以降低你對環境的衝擊。

76 走路、騎自行車、共乘、搭乘大眾運輸

我會遵循三十分鐘規則。如果步行三十分鐘內可以抵達，那我就會選擇走路。當然，有時候也會失算，不過我覺得大家應該都要把這個規則銘記於心。

騎單車也是很不錯的選擇。三十分鐘的步行路程大概等於騎單車十分鐘。盡量多花一點時間走路或騎單車，尤其是短距離。短距離開車會因為不時開開停停而造成更多碳排放量。

步行跟騎單車不僅對環境好，對你的健康也很好。因為在辦公室工作，我大部分的時間都坐在辦公桌前。三十分鐘規則讓我可以在日常生活中多動一點，增加運動量。

我住在小鎮的鎮中心附近。通常要去哪裡都可以走路或騎自行車。如果你住在市郊，可能就沒那麼方便。在我的家鄉阿拉斯加，離家最近的建築是四英哩外的加油站。開車是我們唯一的選擇，但如果你附近有你常去的雜貨店、小商店、餐館或其他設施，你就可以按照三十分鐘規則。

我上班都會跟其他人共乘。我有兩位同事住我家附近，所以我們就共乘一台車。有時候，如果我們之中有人有其他約會，或需要先走，我們就會各自開車。我們都覺得共乘很省油錢，看看有沒有同事跟你住很近。或者，你也可以從（訣竅 72）的環保計劃取得靈感，為同事設置共乘表。大家可以依自己住的地點登記共乘，降低碳排放。

下班後的休閒活動，像是團體運動或演奏會練習也可以設計共乘。要去練習的途中有伴，總是比自己開車來得有趣。端看跟你一

起共乘的人有幾位，你還可以利用高速公路上的高乘載車道。你可以省錢、降低碳排放以及節省時間。

　　減少路上的車輛也會減少交通流量。想想看，如果公路上的車輛數減少三分之一，會有多順暢。你還可以利用定速，多省一點油。交通繁忙時動不動剎車跟加速會耗更多油，也會排放更多污染物到空氣中。若能一直保持 65 英哩（約 104 公里），就可以省油又減少排放。

　　你也可以考慮搭乘大眾運輸工具。在灣區有很多大眾運輸工具可選：渡輪、火車跟公車，而且如果你住在灣區，大概一定可以找到一班開往你住處附近的大眾運輸工具。看看你住處附近有哪些選項，查查班表──許多美國城市都有公車服務──盡可能搭乘大眾運輸工具。

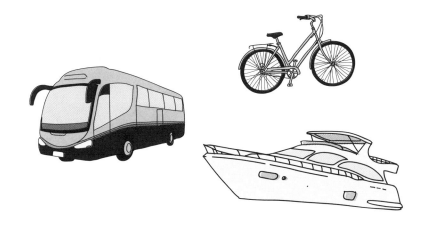

零廢棄物旅行工具箱

　　童子軍的格言跟零廢棄物的格言一模一樣：「做好萬全準備！」不過旅行時，因為不清楚會發生什麼狀況，所以要做好萬全準備會有點難。我不是那種渡假時每分每秒都想好要做什麼的人。我喜歡隨機應變。

　　我很想避免產生廢棄物，但我也不想帶一堆「以防萬一」的東西，因為這樣行李會很重。底下是我先生賈斯汀跟我會打包的物品──端看當天規劃的行程，我們可能會帶一些在身上，或先放在飯店裡。

兩個雙層保冷保溫水瓶

　　我們會隨時攜帶雙層保冷保溫水瓶，這樣就不用擔心口渴時得買塑膠瓶裝水。因為是雙層保冷保溫水瓶，我們也可以在很趕的時候裝飯店的熱咖啡，不過一般來說，在渡假時，我們都會在咖啡廳慢慢喝，好好享受悠閒時光。

　　端看當天規劃的行程，我們也可能只攜帶一瓶，兩個人共享。我們兩個都不喜歡在旅行時帶一大堆東西。

四條餐巾

　　我習慣為我們兩個人各準備兩條餐巾。餐巾很小，也不佔什麼空間，而且很方便。你可以在洗手間洗完手後用餐巾擦乾手、拿餐巾來擤鼻子，或外帶甜甜圈或糕點。不過請不要按照這個順序來用餐巾啊⋯⋯

唯一的缺點是，如果餐巾變太髒，旅行時不太方便清洗。不過你還是可以利用飯店的洗手台洗餐巾；你只是要確保有時間可以讓餐巾晾乾。

兩副竹餐具

賈斯汀跟我都各有一副竹餐具，但我們不常用。如果你覺得自己在旅行的途中會遇到免洗餐具，把一副竹餐具放到包包裡其實很方便。因為使用竹子，所以通過安檢時不會引發警鈴，加上竹子很輕，也不會增加行李的重量。

兩個金屬餐盒

賈斯汀跟我都各有一個金屬餐盒。我發現，旅行時帶著兩個金屬餐盒會讓生活更輕鬆。我的金屬餐盒大小尺寸不同，可以重疊收納，所以旅行時很方便。

旅行時我們不一定有時間可以事前準備餐點。如果我們都各自攜帶自己的金屬餐盒，我們就可以把三明治或甜甜圈放在各自的餐盒內。蜜月旅行的時候，我們在機場就先買好三明治放在金屬餐盒內，這樣就不需要購買零嘴。到達目的地後，我們習慣只帶一個金屬餐盒，主要是拿來裝在餐廳吃不完的東西或零嘴。

一個可重覆使用的袋子

我通常只會帶一個可以折得很小的袋子。我們渡假時不太會購物，不過我還是會帶個袋子以防萬一。如果我知道我們會在某個地方待久一點，而且要用廚房煮飯，我也可能會帶幾個可重覆使用的農產品包裝袋。

洗碗皂

　　記得要帶一小瓶洗碗皂。這樣你就可以在飯店清洗你的容器。
我喜歡帶 Dr. Bronner's 液體皂，因為它可說是萬用皂！

　　需要洗襪子或髒掉的餐巾嗎？　用 Dr. Bronner's。

　　需要洗澡？　用 Dr. Bronner's。

　　需要洗碗？　用 Dr. Bronner's。

　　Dr. Bronner's 的液體皂是很萬用的產品。

在機場也可以零廢棄物

　　飛行跟零廢棄物放在同一個句子裡基本上就很矛盾。不過這不代表我們不能採取一些步驟來減少廢棄物。有些航空公司正在努力透過使用生質燃料來降低碳排放。事實上，仰賴太陽能發電的飛機，陽光動力 2 號（Solar Impulse 2）已經在 2016 年 4 月成功地從日本名古屋飛到夏威夷。

　　改變已經發生，只是速度有點慢。以目前來說，我們應該盡量降低自己的碳排放，並且減少飛行的次數，因為告訴大家不要旅行或不要去探訪親友真的不太可行。旅行跟擺脫日常生活有助於發展健全的人格。體驗他國文化也能拓展世界觀。因此，你不用完全不旅行，但要試圖減少旅行的次數，同時也要改善旅遊的品質。

減少旅遊次數

　　與其常常去旅行，但每次天數都很短，請選擇減少旅遊次數，但在目的地待久一點。依據你旅行的距離跟旅行的人數多寡，你若開車說不定碳排放量還比較少。

　　五小時規則：若要降低你的碳排放，請先考慮飛行時間，如果飛行時間在四到五小時之間，請選擇搭飛機。長途飛行會因為飛機必須要多帶燃料，增加重量，也因此增加碳排放量。短程飛行大部分的燃料都用於起飛跟滑行。

搭經濟艙

平均來說，搭商務艙的碳排放量是經濟艙的三倍。

帶空水瓶

空是這裡的關鍵詞。不要帶裝滿水的水瓶通過安檢。安檢人員會把你攔下來。到時候就沒辦法先把水倒到水槽。必須選擇把水喝光或把水倒到垃圾桶。

既然要遵循零廢棄物生活，那你顯然應該要把水喝掉。喝完水後還要再過一次安檢。最糟的情況是安檢人員會嘲弄你一下，還可能會趕不上班機。而且坐在中間的座位的你，還可能一路都很想上廁所。

如果你帶空的水瓶，就可以避免這些情況。

在你通過安檢後，再把水裝滿。洗手間應該會有飲水機。如果沒有，就找一間咖啡店，請他們幫你裝水。

帶一些零嘴

你可以帶自己的食物到機場。我不知道為什麼，每次搭飛機都會覺得很餓。我平常可以三小時不吃零嘴，但一搭上飛機，就想吃零嘴。所以，我會依據飛行的時間跟飢餓程度準備自己的零嘴。我會帶小的梅森玻璃罐，裡面裝滿藍莓乾跟堅果。我會把藍莓跟堅果放在不同的梅森玻璃罐內，以防班機上有任何人對堅果過敏（有嚴重過敏的人通常會告知機組人員，機組人員則會以廣播方式提醒其他旅客。）我可不想讓任何人陷入危險。

夸脫大小的液體袋。

你可以購買安檢核可的可重覆使用透明液體袋，尺寸大約為一夸脫（約 0.9 公升）。網路就有賣，而且大部分的商店在藥妝區

也會販售。通常袋子裡面會有三到四個 3 盎司（約 85 毫升）大小的瓶子。拿這些空瓶來裝你本來就有的商品。不需要另外購買旅行組。我現在使用的安檢核可液體袋跟旅行用瓶從高中就開始使用。如果你用心保養，這些容器應該可以用很久。

娛樂

我要去旅行前會設法先到圖書館借一本新書。從圖書館借書是善用共享經濟的妙法。很多圖書館都有電子書，所以你也可以借閱電子書，再用自己的手機或電子閱讀器來閱讀。

公路旅行時也能零廢棄物

保冷箱是你的好朋友。或許不只是航空公司的零嘴……或許旅行本身就是會讓我很想吃東西。

我有很多跟父母一起開車旅行的甜蜜回憶，而且旅行時可以挑一樣不健康的零嘴，所以我每次開車旅行都還是有這種衝動。加油站商店內販售的不健康零嘴就像奪魂一樣一直呼喚我，叫我趕快去購買垃圾食品。當然，垃圾食品不太健康，而且還會產生不必要的垃圾，但還是會讓人忍不住。為了對抗垃圾食品的誘惑，所以我在車子裡面放置一個保冷箱，裡面放滿各種美味但不用包裝的零嘴。底下是我最喜歡的零嘴：

- 香蕉
- 蘋果
- 花生醬
- 麵包
- 鷹嘴豆泥
- 蔬菜棒
- 果醬

胡蘿蔔棒沾鷹嘴豆泥，蘋果沾花生醬都是會讓人很滿足的零嘴。但若我真的很餓，我就會自己做花生醬加果醬三明治。

底下是一些可能散裝購買，也不用冰箱的零食：

- 烤鷹嘴豆

- 堅果
- 穀麥

真的餐點

我們沒辦法只吃零嘴。

有時候，你會很想吃美味的熱食。當你開車旅行的時候，往往只能選擇速食、速食、更多速食。這也表示會有更多包裝盒、垃圾跟更多包裝紙。

請找可以坐下來吃飯的餐廳，像是餐車。餐車通常會開到很晚，而且會用真的餐盤來裝盛餐點。如果你找不到餐車或可以讓你坐下來好好用餐的地方，我最喜歡的速食餐廳是 Subway。我開始零廢棄物生活之後，還去那裡吃過幾次。有注意到嗎？他們用來裝潛艇堡的紙上還言明：「請做成堆肥。」只要記得在點餐時說你不要塑膠袋。

如果找不到 Subway，加油站的商店內通常會有自助服務區，架上會擺放墨西哥捲餅（taquitos）、咖哩角（samosas）、塔瑪玉米棕（tamales）、恩潘納達（empanadas）等各類餐點。你可以用夾子把這些餐點直接夾到自備餐盒中。

倘若真的沒辦法，還是要到速食餐廳吃飯，請盡量點用紙包裝的食品，像是塔可貝爾快餐店（Taco Bell）的墨西哥捲餅（burritos）或漢堡王的漢堡或素食漢堡。紙之後可以拿去堆肥，要避免製造不必要的塑膠垃圾，最好的方式就是自備飲料杯。很多速食餐廳都嚴格限制，不讓顧客自備餐盒來購買餐點。（但不是每一家都這樣，所以還是問一下！）飲料就比較沒關係，尤其是如果你的杯子上有標明容量（盎司或毫升）。先留心注意一下餐廳提供的紙杯都是幾盎司，再拿自己的飲料杯裝。結帳時讓餐廳人員知道你自備的杯子容量多少，等於是哪個尺寸的紙杯，這樣大家都開

心！如果他們還是堅持要你用餐廳的紙杯，就不要再加飲料蓋跟吸管。

堆肥

開車旅行的時候，大概一定會有一些有機廢棄物，像是香蕉皮、蘋果核或 Subway 的包裝紙。在車上擺一個可加蓋的小垃圾桶，把食物殘渣跟其他可堆肥的碎屑放進去。回家後就可以放入家中的堆肥箱。如果這個小垃圾桶可能會在你的車上擺好幾天，天氣又熱，記得一定要把蓋子封緊，或許可以改放到後車廂。如果真的還是發臭，你也可以找個休息站把堆肥埋起來。也可以在路上看看有沒有其他可能會收堆肥的地點，像是當地的農場、園藝俱樂部、雜貨店或由政府單位設置的堆肥箱。

零廢棄物工具箱

開車跟搭飛機相比，比較沒有空間上的限制。所以你可以在車上擺一個零廢棄物工具箱，像是（訣竅 77）建議的箱子，這樣你就可以做好萬全準備。

梳洗用具

開車旅行跟搭飛機相比，沒有攜帶液體的限制。同時你可能也不想帶整瓶洗髮乳到處走。我還是會把自己的洗髮乳跟沐浴乳裝到旅行組的瓶子裡，但你如果要也可以帶一整瓶。我都用 Plaine 的產品，而他們家的旅行組用鋁瓶，看起來超可愛！

如果你忘記帶自己的肥皂跟洗髮乳，可以直接用飯店提供的。不過請記得要把用剩的部分帶回家，這樣下次旅行還可以繼續用。如果你已經把某個梳洗用具的包裝打開，就請不要浪費！

善用科技

　　現在每個人的手機都可以上網。你可以用手機查詢附近哪裡會收集堆肥，哪家餐廳用真的餐盤餐具，哪裡有散裝食品店。花幾分鐘到 Google 或 Yahoo 搜搜看，看能不能幫你找到零廢棄物的解決辦法。

購買碳補償

　　談到旅行就不能不談碳補償。你可以在線上購買碳補償，好降低旅行、使用暖氣、開車或搭飛機時製造的二氧化碳跟溫室氣體排放量。碳補償是讓你可以更進一步的好方法。現在有很多組織都提供碳補償。你只要付一點點錢，這些組織就可以在開發中國家種樹、建立可永續管理廢棄物的廠房跟設置乾淨能源。我會建議你每年計算自己的碳足跡一次，並且依據你的碳足跡購買碳補償。

　　我去年的碳足跡大概是 6,000 磅。我是到 footprint-calculator.org 的網站計算的，之後我就到 terrapass.com 購買碳補償，或是透過美國農業部（USDA）林務局的種樹計劃種樹。我每年的碳補償大概不到 40 美元，所以並不算貴。

零廢棄物假期

　　我們一直在談搭飛機，但假期其他的層面怎麼辦？像是要住哪裡？做什麼？

　　飯店的碳排放量高的嚇人。飯店業每年產生六千萬噸的碳排放量。先說，我的意思不是叫你以後都不要再去住飯店，但我會建議你以後找住宿地點時可以試圖跳脫框架。

　　環保飯店現在愈來愈受歡迎。在你訂飯店前，可以先做點功課，看看你要住的飯店有沒有取得相關認證。最受歡迎的環保認證包含EarthCheck、Green Globe跟永續旅遊生態認證（Sustainable Tourism Eco-Certificate）。如果你人在美國，你也可以查查你要訂的飯店是不是 LEED 認證的綠建築或看看飯店的能源之星分級。世界其他地區也有其他認證，不過你要注意的地方包含：

- 節能
- 環境管理
- 堆肥
- 太陽能板
- 回饋環境
- 支援本地社區
- 保存教育
- 建材
- 共享單車

　　近幾年來，生態觀光愈來愈受到重視。很多地方其實還沒有準

備好迎接大批觀光客，也因此觀光反而造成當地生態系統跟文化受到衝擊。生態觀光重視創造正面影響。它的目的是要確保當地居民的生計以及保護當地環境。如果你要去貝里斯，可以到社區狒狒保護區參觀。當地人保留這塊土地，以保護瀕危的狒狒。觀光客支付的門票不只可以幫助當地保護瀕危物種，還可以用於種林，強化當地民眾的能力，看顧這塊土地。還有一些生態觀光方案可以讓你參加旅遊行程，協助移除外來植物物種，或到當地農場當志工，了解當地風土。你也可以選擇拜訪農莊，或是自己露營，不要用電。

第八章

特殊場合

特殊場合常常會有一些你無法掌控的細節，
不過你還是可以事先規劃，
降低對環境的衝擊。

不要用一次式用品

　　在籌備特殊活動時，我都會用眞的餐盤、眞的叉子、眞的杯子跟餐巾。我也會建議你在派對活動開始前先確保你的洗衣機跟洗碗機都已經清空。這樣在派對結束後，就可以很輕鬆地把餐巾丟到洗衣機，把餐具擺進洗碗機，按幾個按紐，就上床睡覺。

　　如果你跟我一樣沒有洗碗機，那朋友提議說幫忙整理的時候，就不要客氣了！我的朋友都很樂意幫我洗碗。他們會在派對結束後留下來，我們邊喝點小酒邊清理打掃。

　　我發現如果在派對用眞的餐具，會比用一次性餐具更方便清理。人們會因爲心理因素而以不同的態度來對待眞實的餐具。我們看待眞實餐具跟免洗餐具的態度截然不同。如果在派對上使用的是免洗杯、免洗盤或餐巾紙，大家會拿著拿著就忘記，再去拿新的。你邀請四十位賓客，但結果卻要處理六十個盤子。如果大家手上拿的是玻璃杯、瓷盤跟餐巾，那他們就會注意自己擺在哪裡。很多人到最後乾脆不拿餐巾，而是直接走到零食桌拿小點吃。

> **專家建議**：要記得哪個杯子是誰的，可以用水性筆或蠟筆把名字寫在杯身上。

　　如果你家裡沒有那麼多餐盤或餐巾，問問親友可不可以跟他們借。我上次辦派對的時候，我們就借了幾張桌椅，也借了幾個杯

子。大家都很樂意幫忙。分享資源，我們就不用買一堆東西，還要找地方收放。

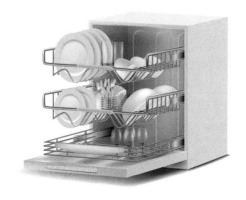

裝飾

　　最永續的裝飾就是利用已經有的裝飾。第二永續的裝飾是自然的產品，用完之後還可以製成堆肥。利用自然環境提供的裝飾又美又簡單，而且還會隨著假日、季節與派對變化——所以才更有趣！

　　我盡可能不要有太多裝飾，但我還滿喜歡添加一點節慶的氣氛。你不需要購買從半個地球外運來的花朵。如果在 12 月辦派對，沒什麼鮮花可選，我就會用可愛的樹枝跟蠟燭來裝飾。創造出來的氣氛會讓人覺得備受歡迎、溫暖，又能跟季節搭配。

　　若是要在感恩節辦個餐會，我會拿很小的南瓜放在餐盤上，餐桌中間則是放一個挖空的大南瓜，裡面擺滿鮮花。最棒的一點是，挖空的這個南瓜擺設，也是讓大家可以吃到沙拉上可口南瓜子的功臣。小一點的南瓜則可以在派對結束後，找機會煮成南瓜濃湯，而且所有的南瓜皮都可以變成堆肥，回歸自然。利用完整生命周期與零廢棄物的想法，我們不單單可以有派對裝飾，同時也可以拿來當成食物。

　　如果你規劃要辦復活節的早午餐派對，放置在餐盤上的裝飾品或許是用天然染料染色的水煮蛋。賓客可以當天吃掉，也可以帶回家當午餐。或許餐桌的主飾品可以是一盆用當季鮮花集合而成的絕美花束。春天通常都有玫瑰。玫瑰快凋謝的時候，可以把花瓣摘下來製成玫瑰水，或用玫瑰花來泡個玫瑰浴。之後再把莖跟花瓣拿去製成堆肥。

　　我在準備節慶餐點的時候也喜歡多點創意：兔子形狀的復活節蛋糕、裝飾很多東西的感恩節派、看起來會有點嚇人的萬聖節蔬菜

沙拉——你可以把白花椰菜削成像人腦的樣子，或把胡蘿蔔削成像手指，沾用甜菜染成鮮紅色的鷹嘴豆泥來吃。你有無窮選擇。真的不需要去購買廉價的裝飾品來裝點你的派對。

不過，談到裝飾當然也要考慮一下氣氛。裝飾成不成功，氣氛扮演很重要的角色，而且還可以讓大家感受到節慶的氛圍。所以，把燈光調暗，點燃幾個燭光，同時確保播放搭配活動的完美音樂。

派對小點心與正式餐點

　　開始零廢棄物生活的同時，也要放棄很多加工食品。這很好，因為加工食品比較不健康。不過，如果你要為一大群人準備餐點，不用加工食品就會比較困難了。在規劃派對的時候，我都會先看賓客名單。如果只是小聚會，也就是大約十人以下，大家可以坐下來吃飯，比較容易安排。如果人數會超過十人，那可能就要擺一個小點桌，讓大家在派對中隨時拿點東西吃。

　　下一步就是考慮季節跟天候。季節跟天候都會影響要辦派對的地點、餐點菜單跟裝飾。舉例來說，感恩節的時候，很多人會吃玉米，但其實玉米不是當季食物。怎麼辦才好？

　　這個時候，我就要來分享一下我最喜歡的部分──規劃菜單。在派對前一個星期，我會先好好看一下小農市集有哪些農產品可買。然後思考我的菜單。我會先確認農夫下星期是不是會再來擺攤，並問問他們我需要的農作物是不是當季食物。

　　我會盡可能混合一些可事先準備的食物、一些容易組合的食物，以及一到兩樣吸引大家注意的主餐點。這樣我就不用在廚房花好幾個小時煮東西，還可以好好享受我的派對。

　　通常主餐都比較複雜，也比較花時間。花時間準備這些餐點對我來說很好玩，可以考慮派對的主題，再加入一些可以食用的裝飾。如果我們要坐下來享用感恩節大餐，那何不在每個人的餐盤上擺一個迷你派，並且在派皮上寫上每個人的名字？這樣大家一定會覺得很貼心。實用、可食用，又可以吸引大家的目光。

正式餐點

我的正式餐點會包含前菜沙拉、擺在餐桌上的麵包、一道主菜、兩道配菜跟一份甜點。我會買幾瓶紅白酒，並且爲不喝酒的人準備一大壺茶。正式餐點的氣氛通常比較接近，大家也都吃差不多的餐點，所以比較好處理。大家都吃一樣的餐點，所以也有很多可以節省時間的妙招。

其中一個節省時間的妙招是跟附近的烘焙坊買麵包跟甜點。我會拿麵包袋去裝麵包，在大家抵達前先用烤箱烤一下。讓麵包熱呼呼的很好吃。我會把麵包放在麵包籃內，用餐巾蓋起來，就像高級餐廳那樣。我也會拿我的蛋糕外帶盒到烘焙坊買蛋糕。大家不會知道你其實沒有自己烤蛋糕跟麵包。我會好好幫你的零廢棄物妙方保密的。

我的下一個妙方是準備很簡單的配菜。有時候，保留食材原味才是最好的方式。你從小農市集買到新鮮又美味的蔬菜，就讓大家好好品嚐。如果你不想，又何必讓自己的工作變得太複雜。

派對小點心

籌辦大型派對，桌子上還要擺滿小點心，這會讓準備工作變得較爲複雜。你必須要讓賓客在派對中可以有好幾種不同的選擇。平均來說，每一個受邀的賓客大概需要十二個小點心跟三杯含酒精或不含酒精的飲料。

爲了讓我自己事後比較容易清理，我只提供可直接用手拿的小點心。你可以直接拿餐巾墊著，來吃這些小點心，所以我在派對結束後，就不需要洗餐盤或餐具。此外，大家通常都會站在桌旁，直接用手拿小點心吃，連餐巾都不拿。

我準備的方式如下：

兩杯飲料：

1. 含酒精：如果天氣熱，我真的很喜歡準備桑格利亞酒；天氣冷的話，就煮熱紅酒。這兩種飲料都是以紅酒做為基底，因為我住在加州，離納帕酒莊很近，完全不缺紅酒。而且這兩種飲料都很美味，大家也都很喜歡。如果住處附近有當地釀造，又廣受歡迎的酒精飲料，我會建議你就試試看提供那個飲料！

2. 不含酒精：我通常會準備檸檬汁或茶。茶比檸檬汁更容易準備，所以如果我沒什麼時間就會煮茶。

五種不需要烹調的食物：

1. 可以供應一整天的蔬菜沙拉。如果你有機會來參加我的派對，我可以跟你保證，你一定會看到各處都有新鮮蔬菜，可以沾醬吃。

2. 熟食冷肉盤：你可以直接到附近的熟食店買不同的熟食肉品跟乳酪。

3. 沾醬跟抹醬：我盡可能會準備三種沾醬跟抹醬。我會準備新鮮的鷹嘴豆泥，再自製橄欖醬或洋蔥抹醬，最後再準備我用自備玻璃瓶購買的粗磨芥末籽。

4. 橄欖：熟食店通常會販售橄欖，所以不一定要買橄欖罐頭。

5. 堅果：綜合堅果一向很受歡迎。你可以跟附近的雜貨店購買散裝的綜合堅果，再加一些香料，最後擺在烤盤上烤至散發堅果香。我個人喜歡在堅果裡面加一點檸檬、辣椒粉、鹽巴跟甜椒片。

6. 麵包：我會到烘焙坊買幾條法國長棍麵包，切成小片，讓大家可以自己做三明治吃。

要自己烹調的兩種食物：

你有很多選項。你可以決定要甜要鹹，不過你也要確保這個餐點上桌的時候，大家看到都會驚嘆，崇拜你的創意。我曾經爲派對做過迷你派、迷你漢堡、棒狀餅乾，迷你扭結鹹餅乾、焦糖蘋果沾醬、義式烤餃子、雞塊／素食肉塊跟塔可杯。

兩種甜點：

1. 水果：你要確保大家隨時可以拿水果來吃。同時還很開胃。我想大家應該不會想用手抓香蕉片吃——有點髒。不過，如果剛好當季水果有莓果，就可以準備一大碗草莓讓大家方便取用。

2. 餅乾或杯子蛋糕：你可以自己烤，或是到附近的麵包店買。這些甜點可以事先準備，而且也可以直接用手拿。我烤杯子蛋糕的時候不會用紙模，所以大家吃完也不用擔心垃圾要丟哪裡。

堆肥與回收

你辦大型派對的時候，請一定要擺出回收跟堆肥垃圾桶，而且要標示清楚。這可以方便你事後的清理，賓客也能知道如果手上有空瓶空罐或食物殘渣要丟哪裡。

儲放與分送剩菜

　　我有幾個玻璃烘焙盤，以及幾個有蓋的攪拌鉢。這些本來就可以當成餐具，所以我都用這些容器來供應派對餐點。派對結束後，蓋上蓋子就可以上床睡覺。所以清理非常輕鬆！如果我還有剩下食物，而且自己吃不完，我會請賓客帶回家。

> 要怎麼以零廢棄物方式，讓賓客把剩菜帶回去：我現在還是會在超市買一些玻璃罐裝的食品，像是義大利麵醬、芥末、沙拉醬跟橄欖。我會把這些用完的空罐洗乾淨收好，如果有客人，這些空罐就很有用。你可以讓賓客把這些美味餐點帶回家，而不用製造垃圾！

86 忘記派對小禮物吧

我覺得這個訣竅不太需要說明。我從來不曾在參加派對的時候說，「哦，我好希望可以拿到派對小禮物。」事實上，我一向盡可能避免拿這類的東西。如果主人拿派對小禮物給我，我通常就會是那個「忘記」跟「不小心」把小禮物放在某個地方的客人。還有拍勢啦！我是絕對不送派對小禮物的人。

87 ZERO WASTE

送主人的禮物

　　我雖然不喜歡派對小禮物，但我可是一定要送主人禮物。如果要去拜訪別人，千萬不可以兩手空空。送主人最理想的禮物可以是食用的禮物。主人可以選擇是不是要跟賓客分享，或是之後留給自己吃。以下是我最常送的四種禮物：

* 一個剛出爐不久的麵包。
* 一瓶酒
* 鮮花
* 一盒好茶

　　　零廢棄物生活的 101 種方式

特殊場合的衣著

特殊場合的衣著，可能是要穿去參加朋友婚禮的洋裝、參加晚宴的西裝或跟劇場好友參加主題派對的粉紅斑馬紋迷你裙。這類衣服是你可能只穿一到兩次，然後就不確定會不會再穿。

二手商品店

在我過去當全職演員的年代，我們會參加很多派對，而且每個派對都有主題。我們沒有一般的派對。這也代表我們必須有數百件戲服！我最喜歡的幾個派對包括窮苦白人趴（要穿粉紅斑馬紋迷你裙）、超級英雄與惡徒、以及床單外袍派對（我在這個派對遇到我老公！）在準備這些派對的服裝時，我都會到二手商店買一點東西，在派對結束後再捐回去賣。賈斯汀跟我都會一起去二手商店，為每星期的主題找適合的服裝。

平均來說，我每套服裝只花 5 到 10 美元。我都把它當成是「租賃」費。你附近的二手商店說不定有很多選擇，多到讓你驚訝。就算是正式場合，二手商店也有一些不錯的選擇。

借用

不要低估朋友的衣櫃。我讀大學的時候有很多禮服。我當時的男友是政治人物，所以我們要參加一大堆餐會、募款活動與各種正式場合。我當時有超過 200 件禮服……對，很多吧。因為我有一大堆禮服，我幾位好姐妹若要參加校園內的活動都會來跟我借。

租用

　　如果你不想每個活動都穿同一套禮服，租用禮服也是很棒的選擇。現在網路上有好幾個網站可以讓你租禮服，穿一個晚上再送回去。這個絕招讓你可以花一點小錢，就穿到很棒的衣服。

　　你也可以為正式場合租燕尾服，不過一套好的西裝可以穿很久。我先生就有一套品質很好的深灰色西裝，他有正式活動都只穿這一套。他會穿去參加晚宴、開幕儀式、劇場、婚禮——他連我們的婚禮都穿這一套！如果我們要出席非常正式的場合，一定要穿燕尾服搭配黑領結或白領結，他就會租一套燕尾服來穿。

> 如果你不想為了正式場合租或買一套燕尾服，最簡單的方法是買一件禮服襯衫，再搭配一套品質很好的黑西裝外套。使用你已經有的衣物來搭配，可以節省資源的浪費，也可以省錢！

名牌衣物寄售店

　　名牌衣物寄售店通常比二手商店更容易找到高端的衣物，因為他們比較可以掌控要收哪些東西來賣。你可以找到很棒的選擇，而且還有好價格。如果穿過一次之後，你不想再穿，你也可以再拿回去寄賣，再回收一點成本。

線上購物

　　如果你要找特定的衣物，網路上現在有很多二手選項，像是thredUP、Poshmark 跟 eBay。你只能看圖片，所以記得一定要

問很多問題，而且要清楚自己的尺寸。

　　先量出你的胸圍、腰圍、髖圍、臀圍、內接縫與腰部到地板的長度。你應該要在上網買衣服前先量好。每位設計師設計的尺寸大小會有一些差異，但自己量好的詳細尺寸就很可靠。如果你要上網買衣服，記得要提前先買好，以防衣服如果不適合還有時間可以處理。如果你很喜歡自己上網買到的衣服，但需要一點點調整，就找附近的裁縫師幫忙改一下。他們可以改到符合你的身型，就可以穿很久了。

買新的

　　如果你找不到適合的二手衣物，那就看看要不要買一件新的衣服，但要找可以永續使用的衣服。現在有很多設計師都很努力地想要同時解決社會與環境的問題。

送禮

　　我把禮物分成三類：消耗品、體驗型跟物品。如果我要送禮的這個人真的很需要或真的很想要某個物品，我也會買來送她／他。但問題是我們常常在禮品店逛了快一小時，最後只好買一個會讓你想到這個人的裝飾品。這是最不恰當的買禮物方式。如果你有這樣的情況，那就改買消耗品或體驗型禮物。

消耗品

　　我記得小時候很喜歡收禮物和打開禮物。我也記得我很討厭要把壞掉的東西丟掉。我的房間永遠塞滿東西，而且每個節日後，我都得重新整理才能找出空間放我的東西。我記得我最喜歡的禮物是我可以消耗的東西。我的意思是，巧克力大概就不會留到我需要把它「收起來」吧。我也一直都很熱愛消耗品。

　　1. 咖啡豆
　　2. 蠟燭
　　3. 綜合香料
　　4. 自製熱巧克力粉
　　5. 布朗尼蛋糕粉
　　6. 辣醬
　　7. 茶葉
　　8. 不同口味的伏特加
　　9. 餅乾粉
　10. 新鮮水果

　　　　零廢棄物生活的 101 種方式

11. 節日餅乾

12. 堅果奶油

13. 頭髮乾洗劑

14. 自製乳液

15. 潤膚霜

16. 糖磨砂膏

17. 自製醋

18. 到散裝食品店用梅森玻璃罐買的糖果

19. 沐浴鹽

20. 護唇膏

21. 一瓶好酒

22. 潤膚餅

23. 自製巧克力

24. 自製香草精

25. 焦軟糖

26. 用打酒容器裝的啤酒

27. 一瓶不錯的烈酒

28. 自家烹調的料理

29. 糖漬果皮

30. 蘋果醬

31. 剛出爐不久的麵包。

32. 果醬

33. 鮮花

34. 花生脆糖

34. 乾燥花

36. 乾燥香草

37. 烘培糕點

38. 酥脆的鷹嘴豆
39. 固態香水
40. 鹽味綜合零嘴

體驗型禮物

坦白說——當聽到有人說要送「體驗型禮物」，是不是一定會立刻覺得很貴，至少我會這樣。我聽到「體驗型禮物」時，都會想到度假、跳傘、音樂會門票、體育賽事的門票等等，但其實體驗型禮物不一定會很貴。我用價格來區分這些體驗型禮物，幫你決定自己要送什麼樣的體驗型禮物。

如果你要送朋友體驗型禮物，請記得要給他們至少三個日期挑選。如果你沒有這麼做，那收到禮物的人可能會覺得壓力很大，還得為了你的禮物想辦法騰出時間，收到不如沒收到這個禮物。你也可以考慮製作一張卡或小小的優待券／門票送給收禮者（假設這個體驗本身不需要門票），這樣他們可以拿來當成提醒。

$ 體驗型禮物（30 美元以下）

1. 咖啡：喝咖啡是很棒的禮物。我喜歡帶我朋友到外頭一起喝一杯咖啡或茶，雙方可以花一個小時談談天。
2. 冰淇淋：帶朋友一起去吃冰淇淋也是很簡單的禮物。跟朋友一起挑一個你最愛的口味——我個人最愛素巧克力花生醬口味。記得用甜筒裝，就可以零廢棄物。
3. 健行：跟朋友挑一個下午，帶一些自製穀麥，到大自然中走走。花一點時間享受山明水秀的風景，當然也可以好好地談談天。
4. 野餐：挑個下午到某個公園，一起享用一些美味的自製餐點。記得要用可重覆使用的餐具來裝你們要吃的餐點，或

是按照（訣竅74）買外賣的餐點。

5. 溜冰：我一向熱愛溜冰，尤其到了冬天。攜帶你最愛的圍巾、連指手套，帶好友到溜冰場一遊。還可以在溜冰場點幾杯多加一點棉花糖的熱可可——記得要求店員用真的杯子裝。

6. 滑輪溜冰：小時候，溜冰場可是人們慶祝生日時，最受歡迎的地點。跟朋友一起回顧甜蜜回憶，租幾雙滑輪溜冰，或是拿自己幾年前就收起來的溜冰鞋來玩。

7. 出門喝杯酒：邀請朋友到酒吧喝杯酒。另一個更好的方案是一起參加酒吧每星期的酒吧猜謎活動，可以玩得更開心。

8. 園藝／堆肥課程：很多社區花園都會提供堆肥跟園藝工作坊。跟朋友一起學習新技能超好玩的。

9. 雙人電影票：跟朋友一起看一場剛上映的電影。你可以買一些散裝糖果，放到自己的包包帶進電影院，或買一些用紙盒裝的糖果，像是 Dots 綜合水果軟糖或 Raisinettes 巧克力糖。吃完之後，空盒記得要拿去堆肥！

10. 打保齡球：保齡球超好玩！我很喜歡跟朋友一起打保齡球，我們去的保齡球場會用真的啤酒杯供應啤酒，太好了！請朋友一起努力清空球道，好好玩一個晚上。

11. 講座：找一個自己感興趣的講座，去聽聽演講總是很不錯。賈斯汀跟我剛搬到加州的時候，我們會在情人節的時候為彼此買了加州科學院的講座門票。

12. 雙人喜劇或脫口秀門票：現在有很多由本地劇場籌備的喜劇或脫口秀。找找看有沒有合適的，跟朋友一起去，大笑一場。

13. 遊戲機：披薩加彈珠台——還有什麼可以比這個更好玩？

跟朋友提出挑戰，一起挑戰各種遊戲台，像是小精靈小姐
（Mrs. PacMan）、雙人賽車遊戲跟格鬥天王。

14. 打擊場或小型賽車場：同樣地，很多遊戲場都附有棒球打
    擊場、小型賽車場或卡丁車。可以跟好友一起玩很多有趣
    的遊戲來消磨時間，不用特別在購物商場內走來走去。

＄＄ 體驗型禮物（60 美元以下）

15. 兩人一起覓食：我朋友曾經參加一次本地的覓食健行活
    動，聽起來非常有趣！走到戶外，了解本地的植物跟花
    朵。

16. 鐳射戰鬥遊戲或迷你高爾夫球：迷你高爾夫球跟鐳射戰鬥
    遊戲都非常好玩！跟一兩個朋友一起參加，一起相互競
    爭。

17. 攀岩：跟朋友的聚會如果能以體能活動為主軸，真的很
    棒，因為跟朋友聚會通常是以吃東西為主。

18. 雙人發酵工作坊：發酵工作坊現在正紅，還可以跟朋友一
    起學一個新技能。

19. 雙人博物館門票：賈斯汀跟我都很愛參觀博物館。買兩張
    門票，帶朋友一起去參觀剛開幕沒多久的新展覽。另外，
    你也可以考慮為年幼的姪子、姪女、兒子、女兒，或其他
    年幼的親人購買兒童博物館的年票——他們可以有好幾個
    月的美好回憶。

20. 周末露營：跟朋友一起規劃周末一起露營。你通常可以用
    很合理的價格租一塊本地的露營場地。不要忘記帶保冷
    箱，裡面裝滿零廢棄物的零嘴！

21. 酒吧串游：酒吧串游活動通常表示一個晚上要拜訪兩到三
    間酒吧，在每一間都要點一整排啤酒來喝。

22. 雙人彈簧床活動：跳起來！彈跳場好像真的很好玩。

23. 密室脫逃：密室脫逃是我的最愛！花上一小時解謎，嘗試從密室脫逃！

24. 瑜珈課入場票：如果你朋友很喜歡瑜珈，那不如直接就跟他們最喜歡去的瑜珈工作室購買為期一個月的瑜珈課入場票。

25. 巧克力工作坊：不妨跟好友一起學習怎麼做出美味的巧克力？做完以後還可以回家看部電影，把自己做的巧克力甜點吃光光！聽起來就覺得很棒。

26. 劇場表演：劇院隨時都有不同的表演，所以可以買幾張門票，走進劇院看音樂劇或話劇，也支持一下本地的劇場團體。你們可以在看完戲以後，一起到酒吧喝杯飲料，討論劇情。

27. 小聯盟／大學體育賽事的門票：小聯盟比賽／大學的體育賽事通常比職業球賽便宜，但一樣很精采。我以前都會去看阿肯色旅行者，也就是本地小聯盟棒球隊的比賽。跟朋友一起看比賽，真的很好玩。

28. 品酒活動：有親友到加州找我的時候，我很喜歡帶他們一起去品酒。我常常都會開玩笑地說品酒是我最喜愛的零廢棄物活動。你可以品嚐本地酒莊釀造的酒，酒莊本來就不太會製造太多廢棄物，就算有也大都可以製成堆肥，還可以用酒杯品酒——所以不會有任何廢棄物。

29. 舞蹈課：帶你的男友／女友一起去上一堂探戈、莎莎或搖擺舞的課！晚上就來擺動一下身體吧！

30. 雙人三溫暖：送朋友奢侈的禮物，到大浴場享受一下。蒸汽室、熱水浴跟游泳池，好好放鬆一下。

31. 贊助路跑：有朋友很喜歡跑步嗎？參加路跑活動其實要花

錢，所以你何不贊助他們，讓他可以參加路跑？更好的方案是你自己也報名參加，兩人可以當運動的夥伴。

32. 空中飛索：我幾年前曾經在奧札克參加空中飛索活動。超好玩！是很適合送親友的體驗型禮物。

$$$ 體驗型禮物（150 美元以下）

33. 按摩：誰會不喜歡有人送禮讓自己可以寵愛自己一下？這是我媽最喜愛的禮物，我也曾經送賈斯汀好幾次的按摩當禮物。（當然，我自己幫他按摩等於是雙重禮物。）

34. 敷臉：敷臉也是另一個可以寵愛家人的方式。

35. 晚餐：帶朋友一起到餐廳吃不錯的晚餐永遠都是不錯的點子，你也可以看朋友最喜歡哪家餐廳，買餐券送他們。這樣的好禮物可以讓朋友不用自己煮飯，到餐廳跟家人一起享用幾杯飲料、前菜、主菜跟甜點。

36. 動手做麵包課程：我最近看到好幾個自己動手做麵包的課程廣告，感覺很好玩！送朋友自己動手做麵包課程當禮物也可以讓朋友繼續分享。

37. 音樂課：有沒有哪個朋友或親人很想學樂器？幫他們買一個月的課程！

38. 烹飪課：跟朋友或親人一起上課，學一道新料理。你可以善用學到的新技能，為朋友跟親人辦個派對。

39. 串聯跳傘：如果你想跟好友一起冒點險，一起從飛機上跳下來一定會讓你「熱愛生命」啊！

40. 歌劇票：歌劇的門票比音樂劇或話劇貴，但真的好看！賈斯汀送過我的生日禮物就是歌劇門票。

41. 主題樂園入場季票：本地主題樂園的季票可以挑個天氣好的日子一起狂歡。

零廢棄物生活的 101 種方式

42. 搭帆船：如果你住在水邊，可以租船到海上看看日落。帶親友到水上，讓他們擁有一到兩小時難忘的帆船航程。

$$$$ 體驗型禮物（200 美元以上）

43. 搭熱氣球：我一直很想找機會搭熱氣球。感覺很好玩！

44. 音樂會門票：買幾張門票，一起欣賞最愛音樂家的表演。

45. 體育賽事活動的門票：如果親友很熱愛體育活動，送票讓他們可以去觀看自己支持的球賽就是很棒的禮物！我都會買票送賈斯汀，讓他去看波士頓塞爾提克隊的比賽。

46. 雙人自行車：找個好友一起騎單車上路。加州是釀酒的地方，有很多導覽單車行程，還包含午餐跟品酒。看看你居住的地方有哪些類似的活動！

47. 照相：聘用一位攝影師來拍家庭照。

48. 大廚試菜活動：我一直很想坐下來好好體驗大廚的試菜活動——你不覺得用這樣的方式渡過一個晚上很棒嗎？

49. 健身房會員：這個禮物可以維持一整年。

50. 旅行：你可以很奢侈的為某個人購買旅遊行程！我知道我未來某一天會給賈斯汀一個驚喜，帶他到波士頓過一個周末，看他熱愛的塞爾提克隊的主場比賽。

接受禮物

我一直鼓勵大家在舉辦可能會收到禮物的活動前，先列出你想要的禮物清單。列出清單就可以引導大家購買禮物的方向。這樣你可以確保自己拿到自己想要，又可以為自己生活增加價值的東西。去年的生日我就收到碗碟架、外接硬碟、還有納帕某個酒莊收成舞會的門票。所以我收到兩個我真正需要的東西，還獲得有趣的體驗！

在列出清單的時候，請想想你喜歡什麼樣的體驗跟消耗品，或真心需要什麼東西。更重要的是，要提前把清單寄給可能會出席的人。在我家，耶誕節的禮物清單大概 7 月就會寄給大家。

　　我喜歡在禮物清單旁邊加上自己的註記。這樣就可以解釋我為什麼需要這個禮物，並且強調這個禮物怎麼樣符合我的價值觀。我也可以跟大家談談公平貿易、負責任地美國製造、保固、塑膠跟垃圾的議題。舉例來說，我在碗碟架旁邊的註記就寫著：「我希望是不鏽鋼材質，而且要有五年的保固期。」透過這些註記，大家可以看出很明顯的模式。不管我提供的資訊是在談手藝、保固或產品生命周期結束後的處置方式，我都是在幫助我的親人了解我想要什麼樣的願景。這樣就算他們不想按照清單，也可以知道我可能想要什麼禮物。

　　如果還沒跟自己的家人談到你為什麼想過零廢棄物，那你真的應該這麼做。如果沒先讓家人了解你的價值觀，那在收到不喜歡的禮物時，就不能不開心！沒人會故意買你不愛的禮物送你！所以，你要先讓他們了解你喜歡什麼樣子的禮物。這麼做的最好時機是在他們還沒機會買禮物之前，而不是在你打開禮物的時候。

　　即使跟家人解釋你的理念之後，家人有時候還是沒辦法符合你的期望。有時候人們就是學不會要按照清單選禮物。碰到這種情況就隨他去，要記得和善待人。我知道有些人會直接拒絕收某個禮物，但我覺得這樣很不恰當。我就不會這麼做，我會接受這個禮物，並且誠心感謝送禮的人。之後，再找個時機跟這個朋友以開放且和善的心討論我的價值觀。

　　要記得要求大家送禮時不要使用包裝填充物或要求禮物的包裝不要用太多塑膠膜，或要求禮物不用包裝紙來包裝，但是千萬不要在打開禮物的時候談這件事。這樣只會引發災難，讓送禮的人覺得很受傷。送禮的人試著要對你好。他們並不想要讓你一整天不開

心。

　　有人送禮給你，你就應該誠心收下，但不一定要保留這個禮物。在你收到禮物之後，要怎麼處理這個禮物就是你的事。你可以捐出去、賣出去，或使用這個禮物。不要被情感束縛，讓你硬要保留某個你不太喜歡的禮物。相關資訊請見（訣竅 64）。

禮物包裝

你的祖母會不會習慣把每張包裝紙都摺好收起來？把每個袋子跟每張碎紙收起來？這樣很好。請學習你的祖母！

如果你沒有很多過去用過的包裝紙可以重覆使用，請看看以下幾個零廢棄物的包裝點子。

包裝

- 購物袋：我都會在辦公室的回收垃圾桶區看到購物袋。如果袋子上有品牌名，你可以用小卡片蓋住。
- 油紙：我的辦公室有很多人都會上網購物，所以回收垃圾桶永遠都有包裝用的油紙。你可以在紙上畫一些跟節日有關的圖案，或不加裝飾，用別的方式來裝飾你的禮物。
- 新聞紙或白報紙：我一直覺得用白報紙包禮物很可愛。
- 絲巾：當然，不用拿真絲的絲巾，不過二手商店常常會有很多絲巾。絲巾可以把禮物裝飾的很美，而且絲巾本身也是很好的禮物。
- 餐巾：餐巾會比絲巾硬一點，不過我也會用同樣的方式來包裝禮物。上頭的結可以變成可愛的蝴蝶結。二手商店的餐巾通常 10 分美元就可以買到一打。又有不同的顏色，所以不管是什麼場合都可以拿來裝飾。

額外裝飾

你可以發揮無限創意！我很喜歡自己設計包裝。我最喜歡的幾

種裝飾方式如下：

- 棉線：我如果用牛皮紙或白報紙來包裝禮物，就像《眞善美》裡面一樣，我都會拿棉線來綁禮物。我家中一直都有很多棉線。可以拿來做自製蠟燭、綁禽類肉品、綁香草袋或包裝禮物。

- 胸針：我超愛胸針。我家以前有很多胸針。二手商店也會賣很漂亮的胸針，又或者可以找找祖母的珠寶盒。如果用絲巾或餐巾來綁禮物，綁完後在蝴蝶結上加上胸針，可以添加節日氣氛。

- 手鍊：手鍊也很適合拿來跟餐巾搭配。把手鍊繞在打結的地方，可以添加一點亮晶晶的感覺。

- 乾燥橘子：我很喜歡以乾燥的橘子做為節日的裝飾品。聞起來很香，製作又超級簡單。我會把橘子切片，擺在茶巾上，用另一張茶巾蓋住，再放在金屬乾燥架上二十四小時。接著把橘子片放在乾燥架上，放進烤箱，用華氏 200 度烤兩到三小時。剩下的乾燥橘片可以跟肉桂棒一起煮，煮成雜燴。

- 肉桂棒：另一個既美麗又可以製成堆肥的裝飾品！把肉桂棒用繩子綁好，爲美麗的禮物添加一點綠意。

- 新鮮香草：我都會選迷迭香，因爲這是我的花園唯一種的起來的香草。而且迷迭香很健壯，又符合節日氣氛，可以在禮物的包裝上維持綠色很長一段時間，不會變成棕色。

- 波洛領帶：我小時候很常待在德州的聖安東尼奧。所以我有好幾條波洛領帶，而且我覺得他們很適合拿來做爲禮物的裝飾品。

- 舊的耶誕卡：多年來，我都會收集耶誕卡片。我會把簽名的部分剪掉，留下有漂亮圖片的那一面，以後就可以擺到

禮物包裝上。

- 松針：新鮮的松樹香氣真的很怡人，又超有佳節氣氛！還有什麼比幾根松針更能呈現佳節愉快的訊息呢？你可以到附近販售耶誕樹的商家自己撿一下掉下來的松樹枝。因為我自己沒有擺耶誕樹，所以我都會規劃把幾根松樹枝放進花瓶中，等於我們家中的小小耶誕樹。

零廢棄物生活的 101 種方式

第九章

超越零廢棄物

一旦你掌握這些轉換成零廢棄物的生活方式，

找到屬於自己的零廢棄物生活規律，

你就可以開始設法讓更多人參與。

參與社區活動。教導其他人新技能。

團結在一起，影響本地的商家與政策。

我們可以一起改變世界。

零廢棄物寵物

談到寵物，最好的做法就是領養！賈斯汀跟我在我家小狗才一歲大時領養了牠，這是我們兩個做過最棒的決定。

以零廢棄物方式養狗

狗食：

在購買狗食的時候，你有幾個選擇：

- 先看看你家附近的合作社。他們通常會有以散裝方式販售的狗食。
- 看看當地的寵物用品店，可能會有各種以散裝方式販售的寵物食品，還有零食！
- 購買可回收袋包裝的狗食。我跟 Open Farm 買狗食，因為他們跟 TerraCycle 合作回收，也很重視永續利用。

我不建議你自製狗食。我曾經針對這個問題做了一些研究，因為我以為我可以應付得來，但狗狗需要的維生素與礦物質跟人類的營養需求很不同。在一份研究中，研究人員請教了一百位獸醫，請他們針對狗狗的營養需求設計餐點食譜，結果只有七份食譜足以提供完整的營養。

零食：

如果你住的城鎮有寵物店，他們可能會有零食 Bar，你可以自備布包去買。當然也可以自製狗狗的零食，以下幾個是我個人的最

愛,而且又不用包裝的選項:

- 蘋果片
- 胡蘿蔔片
- 玉米片

有時候我會自己買一罐濕糧,放一湯匙到乾糧當成零嘴。要記得把空罐洗乾淨,拿去回收。

玩具:

每隻狗都有牠喜歡的玩具。我家的狗狗,娜拉(是一隻 50 磅重的哈士奇)在三秒內就會把填充玩偶咬得支離破碎,所以我家再也沒買過填充玩具或咬起來會發出聲響的玩具。如果你家的狗喜歡填充動物玩偶,你可以購買用可分解布料,例如:麻纖維製成的可愛填充動物玩具。

我喜歡購買可以用很久的玩具,像是骨頭。娜拉很喜歡鹿角狀的咀嚼棒跟 Himalayan 咀嚼健齒棒。我們每隔幾個月就會買新的,也發現寵物店裡販售的這類咀嚼棒包裝都很簡單。鹿角狀的咀嚼棒咬到變很小,不太適合娜拉之後,我會把它送給朋友的小型犬用。

糞便:

請記得幫狗狗清理狗糞。目前狗糞沒有零廢棄物的解決方案。你只能在自家後院把狗糞埋起來當堆肥,或是用特別的狗糞袋堆肥方案。目前這個狗糞堆肥方案還不是很普及,但請先確認你所在的區域有沒有這個方案。

我會在散步前先帶娜拉到我家後院排便,再把狗糞鏟到另一個堆肥箱內,這樣就可以大幅減少使用拾便袋的數量。

- 環保拾便袋是經過認證可以製成堆肥的產品,不過你不能

直接丟到一般工業堆肥設施，但你還是可以選擇不用塑膠的拾便袋，支持無塑的未來。

- 另一個不會用到塑膠的選項是 Flush Puppies 的拾便袋。這種拾便袋是用聚乙烯醇製成，該公司宣傳產品經過認證可以製成堆肥，也可溶於水，沒有溶解的部分則由水處理廠過濾掉，就像衛生紙一樣。我曾經打電話到我們附近的水處理廠，確認這個宣稱是不是真的，順便問問他們的意見，但他們不太確定。

- 衛生紙是另一個不用塑膠的選項。帶狗散步時隨身攜帶衛生紙，再把狗糞帶回家用馬桶沖掉。這個方式是否適合，要看你的狗有多大隻，還有你們散步的距離。

用零廢棄物方式養貓

貓食：

狗狗適用的零廢棄物或低廢棄物選項也都適用於貓咪，而且還可以找找看用可回收（無塑膠）罐頭包裝的貓食。

零食：

我家附近的寵物店可用散裝方式販售貓的零嘴。此外，你也可以自己為貓咪準備幾種很棒的零食：

- 冷凍藍莓
- 冷凍香蕉片
- 蒸胡蘿蔔片
- 蒸小型白花椰菜
- 小黃瓜片

你也可以拿罐頭裝的濕貓食，挖一匙當貓食或濕零嘴。要記得

把空罐洗乾淨，拿去回收。

玩具：

貓咪其實不需要很多很昂貴的玩具來玩。可以試試以下幾個自製選項：

- 把羽毛綁在木棒上
- 把一些貓草綁或縫在舊短襪內
- 用 2×4 的板子跟一些麻繩自製貓抓柱
- 在紙箱上面切幾個洞

貓糞：

貓糞的處理比較麻煩。首先，請確認你是否想選擇可生物分解的貓砂。現在有一些貓砂不是用黏土製成，而是用自然的原料，像是胡桃、杉木、回收報紙跟小麥。

關於貓糞可不可以直接用馬桶沖掉，大家的意見不一。說不能沖的一方：貓糞中有弓蟲。這種寄生蟲可能會感染水獺等海洋生物，並因此致死；一般的廢水處理無法殺死弓蟲。

說可以沖的一方：貓咪只有在感染弓蟲這種微小寄生蟲的幾星期後才會散佈弓蟲症。貓咪不太會出現被感染的症狀，所以很難看出貓咪是否感染了這種寄生蟲病。貓咪會感染到這種寄生蟲的唯一途徑就是貓咪殺死並吃下活的獵物，而且這隻獵物已經感染到弓蟲症，或是貓咪接觸到另一隻感染弓蟲症貓咪的糞便。如果你家的貓只待在室內，只吃烹煮過的肉品或店內購買的貓食，那貓咪會接觸到弓蟲的機率就很低。如果你決定把貓糞用馬桶沖掉，請務必先讓貓咪接受檢查，確認貓咪沒有被寄生蟲感染。

我小時候，我媽養了一隻貓，名叫查克。查克會直接在馬桶上排便。如果你打算要訓練貓咪利用馬桶排便，那你就完全沒有要處

理貓砂的問題。（但請先確認你家的貓沒有感染弓蟲症！而且這樣也無法即時從排便狀況看出貓咪有沒有病痛問題，所以不是好方法。）

零廢棄物生活的 101 種方式

搬家也能零廢棄物

　　我搬過很多次家。我爸過去是空軍；我又是全職演員。這兩種工作讓我們很難在同一個地方待很久。不管你搬過幾次家，你都絕對不會覺得搬家很好玩，不過我覺得我已經把搬家變成一門學問。

　　如果你還不知道要怎麼把第五章說的物品清掉，那就試試看搬家吧。搬家會讓你開始問自己為什麼要買這些東西。學會極簡生活當然會讓搬家更容易，因為你擁有的物品愈少，你就可以搬得更快。因為我太常搬家，所以我在收納物品時都會考慮到搬家時要怎麼辦。我把很多物品都用收納箱裝好，要搬家時可以直接搬，就算不常搬家，也可以應用這個技能。很多東西自己就可以做為搬家用的「箱子」，像是特百惠的收納箱、抽屜、袋子、行李箱，連洗衣籃都可以。我不用氣泡布，而用餐巾或布製的農產品包裝袋來包我的餐盤。我會把杯子裝到襪子裡面，再拿毛巾把瓷器包起來。

　　你可能會需要幾個箱子，所以到分類廣告上找找看有沒有搬家用的箱子。我很確定你一定找的到可以免費讓你用的箱子，等你自己去取。搬家之後，記得再到分類廣告上張貼廣告，讓其他人也可以用這些箱子！在找箱子的時候，你也可以看看雜貨店跟酒類專賣店。酒類專賣店的箱子本來就有隔板，很適合裝酒杯！

93 備災

　　我覺得準備一個災難應變工具箱很重要。不用搞到很誇張，只要幾樣簡單的物品，像是急救箱、瓶裝水、罐頭食品、幾件衣物、手電筒、電池、收音機、寵物食品、醫藥，以及其他你覺得在災難來襲時可能用得到的物品。

　　你沒看錯，我在我家的地震應變包裡有放瓶裝水。你的生活中並不需要每一個部分都零廢棄物，這並沒有什麼關係。我們現在的經濟還不是完美的循環經濟。現在我們生活在線性經濟中，你必須要做出對你跟你的家人最好的選擇。為了減少廢棄物，卻讓自己的健康或安全陷入危險實在太不明智。

零廢棄物葬禮

　　我以前常常開玩笑說，我們如果真的要零廢棄物，那就只有死亡。不過在規劃過一場葬禮之後，我發現人類連死亡都會製造很多廢棄物。

　　我祖母去年過世。她是我的英雄，所以我真的很傷心。我媽跟我一起規劃她的葬禮，並且努力找尋生態友善的替代方案。我的祖母很討厭葬禮。如果我們安排開棺葬禮跟很隆重的葬禮，她一定不會開心。

　　而傳統葬禮對環境完全不友善。為了保存遺體，得在體內注射大量福馬林；棺材不是會生物分解的材質，所以等於遺體是被關在地底下的水泥櫃中；上頭只有草皮。草皮需要用大量的水，還要很多人工維護，但卻沒什麼價值。不過，火化也沒有比較好。火化會導致大量毒素散佈到空氣中，但我們覺得，跟傳統葬體的流程相比，火化比較環保一點點，所以選擇火化。對環境最友善的方式是水火化。跟傳統的火葬比較，碳排放只有約四分之一，不過目前美國只有八個州將化學水解列為合法埋葬方式。

　　我們在位於阿肯色州的家裡為祖母辦了一個小型追思會。我們把她的骨灰放進一個可製成堆肥的甕中，放在柳樹樹苗底下，用來讓土壤更肥沃，不過我們也發現有一些別的選擇。有些點子有點誇張，不過不管你想怎麼做──請你務必要跟自己的家人談談你想要有什麼樣的葬禮，還有你的遺體要怎麼處理。

松木棺

你可以用很簡單，沒有經過防腐處理的棺木，不用很漂亮，也不要水泥櫃。用簡單的松木棺，不要防腐處理，這樣你的遺體就可以自然而然地回歸塵土。

蘑菇壽衣

若有蘑菇壽衣，你連棺木都不用。這種壽衣是用有機棉製成，裡面加了其他生物製品，包括蘑菇跟其他微生物，所以可以促進分解。這些微生物可以中和遺體中的毒素，轉化成有助於植物生長的養分。

樹葬環保骨灰甕

現在有幾家公司會提供樹葬環保骨灰甕。大部分都會把一部分的骨灰放在可完全生物分解的容器中。這個容器裡面有樹籽，可以利用骨灰的養分讓樹生長。我想若能以森林，而不是用現有的墓地來緬懷親人，一定更好。

礁球

親人的骨灰跟混凝土混在一起，製作礁球。礁球會被放在海中，提供海中的魚類跟其他微生物作為棲地。用來製作礁球的混凝土用的是中性物質。礁球本身是中空的，它的表面有很多孔洞，可以讓各種生物在這裡築巢，建立自己的家園。幾星期內就可能會看到生物棲息，而且礁球可以支持海中生物的棲地保育。

鑽石

有些殯葬業者會把親人的骨灰變成寶石。他們會把碳分離出來，利用超高溫把碳變成石墨。再把石墨加熱加壓，變成寶石。

95 跟周遭的人一起努力，讓生活零廢棄物

你自己想要過零廢棄物生活，但若你的另一半不配合，你會很難繼續維持動力。不過我還是要鼓勵你繼續下去。

可以想像假如有一天，你的另一半一回到家就跟你說：「親愛的，我決定從今天開始停止製造垃圾。」聽起來很怪，對吧？一般人都會想，這個人是怎麼回事？他是不是嗑了什麼？

我懂！我真的懂！

人們要調整自己的行為需要時間。你也不可能是在一瞬間就決定要開始零廢棄物生活，可能得先好好考慮一番。你可能要讀好幾篇文章，也許看本書，了解零廢棄物生活對健康的益處，能幫你省多少錢，再看看你所居住的城鎮有哪些無包裝的選擇，才能開始零廢棄物生活。

要幫助你的另一半了解零廢棄物生活或任何生活型態的改變，最重要的關鍵就是時間、耐性、尊重與和善。你必須以身作則，因為這是你自己，而不是他人的選擇。你必須持續做自己，持續維持零廢棄物生活。你只能控制你自己的決定。你不能一直擔心你無法改變的事，不然你會讓自己跟你周圍的人都瘋掉。

當你以身作則，你會注意到其他周圍的人也會開始有一些小小的改變。關鍵在於不要強迫他們。持續做自己。我保證，大家都會觀察你。

如果朋友、親人或同事對你的努力說了一些很無禮或嘲諷的話，你可能會覺得很喪氣，但不要把他們的話放在心上。我發現，跟這些人談話的重點，是不斷強調零廢棄物生活其實對你自己有好

處。例如：「我會這麼做，是因爲零廢棄物生活讓我感覺更好。我吃得更健康，而且還可以省錢。」

人們若說了一些嘲諷的話，通常是因爲他們心情不好，或他們覺得你在評判他們的行爲舉止。就算你沒有，他們也會害怕自己的行爲舉止會被大家認爲不夠好。如果你從無私的角度來談，我像是爲了環境這麼做，或是從自私的角度來談，我像是爲了自己這麼做，人們就會比較容易接受。

因爲這完全是遵循自己的價值觀。當你開始零廢棄物生活之後，會很驚訝地發現，在雜貨店或小農市集，會有很多人來問你爲什麼要用布包或玻璃罐。這些尋常的對話，可以用不會冒犯任何人的方式，幫助陌生人了解塑膠對環境的污染。誰知道呢？或許他們某一天也會開始零廢棄物生活。

96 尋找社群

　　不管你的另一半支不支持，若你能找到一群了解你在做什麼的人，真的很好。零廢棄物社群非常支持彼此。你可以從社群找到啓發，挑戰自己嘗試新點子，甚至可以找到一些新朋友，而且他們了解你要轉換到零廢棄物生活的過程。在你找到新的散裝食品店時，他們會爲你感到興奮。當你說你已經明確跟店家說「不要吸管」，結果飲料一上桌還是附上吸管時，他們會跟你一起感到難過。

　　社群媒體可以讓你輕鬆找到志同道合的人。如果你有使用 IG，可以搜索主題標籤 #zerowaste 或我的主題標籤 #goingzerowaste. 這兩個主題標籤都會帶出很多很棒的內容。如果使用臉書，請搜尋零廢棄物社團。你可以用搜索功能找一些比較大的社團，還有一些是由市政府或州政府組織的利基團體，若能找到由本地社區組織的團體更好！你可以組織清理工作，彼此鼓舞，在社區中推廣零廢棄物生活，還可以彼此交換要去哪裡找到無包裝商品的好點子。

聚會

　　要找附近跟你志同道合的人，最棒的網站是 meetup.com。網站上好像有各種不同主題的聚會！我大略瀏覽一下，就發現好幾個團體都有零廢棄物潛力。像是垃圾終結者、覓食者、零淨能源、氣候選舉行動、氣候解決方案、生態領導團體、園藝、社區營造還有很多跟零廢棄物不直接相關的團體，但絕對可以適用零廢棄物，也能找到志同道合的朋友。

　　如果你找不到零廢棄物團體，就找類似的團體。一旦建立了友

誼，開始認識組織者，就可以在團體中推廣一些零廢棄物點子，像是拜訪散裝食品店、參加零廢棄物自製產品工作坊或垃圾清理活動，甚至是跟市議會談談禁用吸管與塑膠袋。你有很多可以完成的事！如果零廢棄物計劃愈來愈受重視，你也可以開始規劃自己的零廢棄物聚會，把重點擺在這些零廢棄物活動。

鄰里 app

你如果透過臉書或 meetup.com 找到適合自己的社群，試著透過鄰里 app 來找新成員。我居住的地區很流行用 Nextdoor 這個 app。而且可以用來組織社區垃圾清理活動，或通知鄰居最近會有哪些活動。

自己主動聯繫你的鄰居──你永遠不知道，說不定你鄰居也想開始零廢棄物生活。

帶朋友來！

你的團體發展完成後，記得讓更多人得知這個團體，讓更多人可以找到你的團體並加入你的行列。請成員跟他們的朋友分享臉書團體的資訊。請他們把資訊貼在 Nextdoor 上，或帶朋友來參加聚會。你舉辦愈多公開活動，就愈能讓更多人看到你的團體。如果你要主辦清掃活動或其他公開活動，像是演講等等，記得要把新聞稿寄給本地的地方報，讓他們可以報導。

你會發現，愈積極地在社區中推廣，就會有更多人想要參與你的行列。

跟本地商家建立連結

不要忘記也要跟本地商家建立連結。我知道這聽起來有點矛盾，但在你製作傳單的時候，最好能在本地商家張貼這些傳單。我始終認為實體的佈告欄還是傳遞訊息的好辦法。

在地行動

一旦成立了自己的本地社群,你就可以逐漸擴大變成草根組織。很多人都把重點放在頂端,而忘記其實他們應該把重點放在鄰居身上。有句話說:「全球思考,在地行動。」要真的改變,就要讓本地社區參與。這樣就可以一起達到很多目標,而一切都要從教育跟意識開始。你了解零廢棄物生活後,請跟其他人分享。這不是什麼很吸引大家目光的事,但卻很有必要。以下有幾個建議,可以把零廢棄物生活帶入社區。

主辦社區大掃除活動

你的大掃除活動只有一小群朋友參與嗎?還是打算要邀請全市的人一起來?如果只是一小群人,你可以不用什麼正式規劃。你只需要打電話給朋友,帶幾副手套跟垃圾袋,再討論一下最後誰要把垃圾帶回去處理。

如果要辦的是比較大型的大掃除活動,你就必須要先搞定某些細節。先挑選你要清掃的地區,再看看要找一個公園或是私人土地,並且是開放民眾進入的區域。如果是公園,你可能需要先跟當地政府單位取得許可。如果是私人土地,那就要先聯繫土地所有人。他們說不定會願意跟你一起打掃。

接著,請選擇大掃除的日期跟時間。也要決定你的大掃除活動如果碰到下雨或天候不佳的情況,是否還要繼續。

製作可以數位發送的傳單,再把印出來的傳單張貼在當地的佈告欄跟咖啡館內。

下一步是要收集所需要的物品，包括垃圾袋、水桶、夾子跟手套。你需要先弄清楚你收集到的垃圾要怎麼處理：誰要負責把垃圾帶回去處理。打電話給當地廢棄物管理廠，看看他們是否能夠協助處理收集到的垃圾。他們說不定還可以提供一些相關物品。

在大掃除當天，要先讓志工簽署同意書或免責書，以避免有人在清掃活動不小心受傷，你還得負責。你也可以準備一張簽到表，收集參與者的聯絡資訊，好讓他們了解你打算在鎮上辦哪些新的活動跟工作坊。

教授工作坊

你已經很熟悉本書中提到的某些自製方案？那就跟朋友、親人或本地社區分享你的知識。看看你能不能先在社區中心或圖書館預約一個空間，舉辦工作坊來分享你的零廢棄物技能。你可以跟參與者收一點費用，支付材料費。在你教導其他人怎麼自製這些產品的過程，他們會建立一種所有權，一種成就感，未來可能會更願意持續應用這些技能，實踐低廢棄物生活。以下是幾個書中提到的自製產品，很適合辦工作坊：

- 除臭劑（98頁）
- 多用途清潔劑（120頁）
- 護唇膏（105頁）
- 潤膚餅（95頁）

如果你想多做點手工藝，也可以試試以下幾個方案：

- 製作布的農產品／散裝產品購物袋（舊床單很好用！）
- 把舊 T 恤變成不用縫的雜貨購物袋
- 自製蜂蠟保鮮膜（51頁）

如果你喜歡教別人怎麼烹飪：

- 讓大家看看光用麵粉跟水要怎麼做麵包
- 用本地果樹採收的水果製作果醬
- 製作紅茶菌
- 教其他人要怎麼善用根跟莖（看看 69 頁的食物殘渣食譜，可以給你一些點子）

如果你熱愛園藝：

- 教他人要怎麼在家製作堆肥
- 教大家要怎麼利用食物殘渣種菜。萵苣、芹菜跟青蔥都很容易上手。把植物的底部切下來後，在流理台邊放一杯水，把底部放進去。每隔一天換一次水，一旦看到小的根出現，就可以把植物種到土中，放在窗檯邊。植物會繼續生長，你也可以剪下自己要吃的部分。

到圖書館或本地學校演講

　　如果你不太喜歡辦工作坊，那何不考慮到圖書館或本地學校演講三十到四十分鐘，談談零廢棄物生活？公開演講可能會讓人覺得很可怕，但只要準備好簡單的演講大綱，就會比較沒那麼可怕：

1. 先跟大家談談你自己！（五到十分鐘）
    a. 你是誰？
    b. 你住哪裡？
    c. 你何時開始設法減少自己的廢棄物？
    d. 為什麼這對你來說很重要？

2. 零廢棄物生活是什麼？（十到十五分鐘）
    a. 零廢棄物的定義是什麼？

b. 爲什麼零廢棄物對大家都很重要？

c. 零廢棄物運動的目標是什麼？大家聽完演講應該要記得什麼重要資訊？

 i. 其中可能包含五種可以今天就減少垃圾的方法、本地回收與堆肥計劃的資訊、如何購買散裝產品、本地的散裝食品店及商店在哪裡、或零廢棄物生活概觀。

3. 跟大家談談你今天要關注的主題：可能包含書中談到的一些議題，或只談幾個關鍵議題。（十五到三十分鐘）

4. 結束前要請大家採取行動。大家聽完你的演講後，應該要記住哪些最重要的訊息？

5. 提供你的聯絡資訊，這樣大家如果有疑問，就知道要怎麼跟你聯繫。不要忘記收集大家的聯絡資訊！這樣一來，你就可以集結一批志同道合的人。下次要再舉辦大掃除活動或社區工作坊，就可以召集大家。

請本地的餐廳做出承諾

　　聯繫本地餐廳的老闆，詢問餐廳對使用塑膠吸管的態度。這樣簡單的方式可以讓你趁機跟商家談談如何開始減少廢棄物，減少廢棄物可以讓餐廳省多少錢，又能減少被丟到垃圾掩埋場的塑膠垃圾！人人都是贏家。

　　我要先說清楚，我們沒有要求餐廳禁用吸管。我們只是希望餐廳只在顧客要求要吸管時，才提供吸管，而不主動提供。很多時候，如果餐廳沒有主動提供，大部分的人都不會想到要拿吸管，但是這樣的作法可以讓需要吸管才能飲用飲料的人有吸管可用。

　　下面是讓你參考的電子郵件，記得要把自己的資訊擺進去：

早安，

收信平安。

　　我最喜歡到 Diner Town 買午餐——個人最愛是**胡桃派**。我上次到 Diner Town 買午餐的時候，注意到客人在點飲料的時候餐廳都會主動附上塑膠吸管。

　　一般來說，吸管是塑膠的一次性用品。而且很多媒體都很關注吸管的問題，這是有原因的。現在，每年會有八百萬噸的塑膠被丟棄到海洋中。其中有很多是一次性塑膠製品，例如：吸管，而吸管每年造成超過十萬隻海洋生物死亡。

　　吸管可能很小，但堆積起來量很大。光在美國，我們每天都使用五千萬支吸管！如果能夠減少塑膠吸管的使用量，就可以輕鬆地開始減少塑膠廢棄物的量。法國已經禁用一次性塑膠杯、吸管、餐具。西雅圖也是。連麥當勞都已經在找尋取代塑膠吸管的方式。

　　我想要請 Diner Town 實行不主動提供吸管的政策。也就是餐廳不廣告吸管，也不會主動提供吸管。只在顧客要求，或顧客因為一些身心問題必須要使用吸管時，才提供吸管。

　　這樣的作法可以減少 Diner Town 使用的吸管數量，對環境友善，還可以幫你節省成本！

　　我真心希望你會慎重考慮我的建議。謝謝你！

　　順頌商祺

凱特琳

要求本地咖啡店廣告並鼓勵大家自備飲料杯

　　你說服商家減少吸管用量後，就可以開始處理外帶咖啡杯的問題！拋棄式產品，如外帶咖啡杯，其實要花錢。嘗試跟咖啡館的老闆約個見面的時間，或透過電子郵件或信件跟他們聯繫，看他們願不願意讓自備飲料杯的顧客打九折。

你可以協助他們製作宣傳單,讓大家知道咖啡館的新政策,也讓大家知道自備飲料杯可以省錢。

帶大家參加零廢棄物購物之旅

如果鎮上有散裝食品店,你可以邀請大家跟你一起去購物,讓他們知道要帶哪一類的容器,怎麼秤重,怎麼付費,還有怎麼存放。如果住的地方沒有散裝食品店,你可以帶大家到雜貨店,讓他們知道哪些食品用的包裝比較環保永續。

讓本地人一起參與

　　很多人會問我，「你覺得零廢棄物最大的挑戰是什麼？」我一直都沒辦法給一個好答案，因為零廢棄物生活就是要改變生活的習慣。一旦你改變了自己的生活習慣，你其實不會覺得生活有什麼改變。

　　你不需要特別花時間，或有什麼特別的想法；只是單純的生活。

　　你成功轉換成零廢棄物生活後，就該花時間來推廣。你可以像（訣竅96）說的一樣，在自己的社區組織活動，或是跟本地政府合作。

　　為了讓零廢棄物／循環經濟成功，我們需要所有人的參與。我們需要每個人、每個團體、每個商家跟政治人物一起齊心協力，才能讓改變持續。而改變要從你開始！

　　人民必須要採取行動，商家跟政策才能應變。當人民一起團結，推動團隊行動，我們就可以施壓，讓商家採取行動，如此一來，商家跟團體就可以影響政策改變。政策也會讓更多商家感受到壓力，進而讓個人也感受到壓力。

　　最好的案例就是禁用塑膠袋。本地的民眾希望他們的小鎮禁用塑膠袋。這些民眾團結在一起，要求本地的雜貨店。有幾家獨立雜貨店決定要自願參與禁用塑膠袋的政策。本地的商家與民眾一起要求改變，民眾集結的力量到最後讓市議會通過禁用塑膠袋的政策。這個政策強迫所有的雜貨店禁用塑膠袋，也迫使顧客都要自備購物袋。

地方政府可能比中央政府更重要。如果想看到改變，就要從地方開始。

到你所在城鎮的網站，看看市議會裡面有哪些議員，還有市議會有哪些提供建議的本地委員會。你可以出席他們的會議，建議他們應該要執行的計劃。

如果你要主辦鄰里大掃除活動，或許市政府可以提供一些物資，或幫你宣傳，讓更多人參與。如果希望市議會通過禁用塑膠袋或塑膠吸管的政策，本地的委員會可以提供你協助，教你如何草擬法案，也可以協助把你的想法轉變成可以執行的政策。

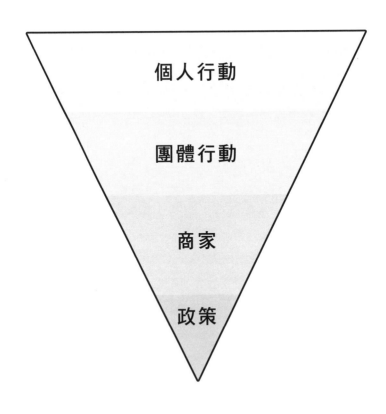

零廢棄物生活的 101 種方式

找到個人的永續模式

　　在**轉換**到零廢棄物生活的過程中，最大的陷阱就是試圖複製你過去的生活方式。如果你的消費跟生活方式要跟過去一樣，你就會失敗。在我開始零廢棄物生活前，我動不動就吃波普酥餅（Pop-Tarts）。我的意思是，我每星期都會買一到兩盒波普酥餅。我拿來當早餐跟零食吃。這是我最愛的垃圾食物。

　　我剛開始零廢棄物生活的時候，認為自己可以**繼續**維持吃波普酥餅的習慣。我每個星期天都會自己做八到十二個可以用烤土司機做的糕點，在接下來的一星期吃。為了做這些糕點，我每個周末都得花二到四小時。因為很累，實在無法持續。我太專注於複製過去的生活，忘記自己其實可以找到更簡單、更輕鬆的做法。你愈想抓住過去，你的生活方式就會愈花時間。不要試圖複製你過去習慣買的東西，用這些時間發掘新事物，以及讓生活過的更輕鬆的方法。

　　我發現在你試圖複製過去自己很愛的商品時，都會有類似的想法。你會覺得「哇！我居然可以自己做!?」接下來你的想法就會**轉變**成「嗯，很好玩，不過我不想再來一次。」到最後，你就會想「一定有更好的方法吧！」

　　學習自己製作過去常買的包裝食品很好玩。通常很容易，也不用花什麼錢。但是，如果你什麼都要自己做，會很花時間。自己製作一兩樣東西很簡單，但如果你要每星期都自己做麵包、蛋黃醬、堅果牛奶、乳酪、餅乾跟馬芬蛋糕，你就沒什麼時間做別的事了。

　　你必須要找到自己的平衡點，或者所謂的個人永續模式。個人永續模式非常重要，而且每個人可能都會不太一樣——只有你自己

知道你的日常行程、你的決定，以及你自己的惰性。

　　舉例來說，我很討厭做墨西哥玉米片。用言語實在無法描述我光是想到要桿玉米片麵糰時的厭惡感。我不喜歡做出來的玉米片不夠平，又歪七扭八。也不喜歡自己要花一小時桿麵糰，更不喜歡自己得一個一個做。個人永續程度：0

　　如果你很不喜歡做某件事，那你就該找其他替代方式。現今社會最棒的一件事就是，你永遠可以找到替代方式！我在我家附近街角的小農市集就找到玉米片，2美元二十五片。而且還可以用我自備的袋子。個人永續程度：10

　　在自製產品時，為了能夠增加個人永續程度，若是可以凍起來，我都會多做一倍的量。我會把烘焙產品放在棉布袋內冰凍起來。我會用梅森玻璃罐把煮熟的豆子、湯品跟高湯凍起來。

　　我的下一個建議是讓自製產品的時間降到最低。你不會想要一整天都待在廚房裡面。我都把工作時間控制在一個小時內，其中還包含清理時間。佳節或派對等特別活動的準備則例外。不論怎麼說，最重要的是你會持續做自己很喜愛的事。如果你很討厭做某件事，那你就無法永續進行。如果你很喜歡做某件事，那你就可以永續。

你到我家冷凍庫常常會看到的物品有：

1. 麵包
2. 切好的蔬菜
3. 蔬菜高湯
4. 湯品
5. 蔬果汁
6. 薄鬆餅
7. 厚煎餅
8. 貝果
9. 莎莎醬
10. 義大利式蕃茄醬
11. 能量棒
12. 咖啡豆
13. 素食漢堡
14. 無肉肉丸

第十章

大局

我們辦到了！

做就對了

　　資訊太多可能會讓你無法分析。基本上，手邊有太多資訊，讓你完全不知道該從何開始，也因此到最後你可能什麼都不做。如果你覺得有點手足無措，請先從前五個訣竅開始。他們都是很簡單的訣竅。在你熟悉這些訣竅後，再挑一個新的訣竅。

　　我也希望你可以下定決心。當你真的下定決心，你也可能會遭遇困難。比方說，我剛開始零廢棄物生活時，不小心把我的購物袋忘在家中。我有兩個選擇。我可以用塑膠購物袋，違背自己的價值觀，讓我未來可以繼續用塑膠袋；或者，我可以回家拿重覆使用的購物袋。我故意挑那個比較難的選項。我選擇回家，因為有時候你要經歷困難才能成長，就像健身一樣，但在這裡你要鍛鍊的是你的好習慣。我必須說，從那次之後，我每次離開家門前，都一定會再三檢查自己需不需要可重覆使用的袋子。遭遇困難的那一刻讓我記取教訓。

零廢棄物不是要要求你完美；而是請你做出更好的選擇。

　　零廢棄物聽起來可能很嚇人。零這個詞聽起來就很絕對，也很難。尤其是當你看到居然有人拿著一個梅森玻璃罐，說她家一整年的垃圾可以塞進這個玻璃罐，你只會覺得這也太難。我帶那個梅森玻璃罐，的確是要吸引大家的注意，並且開始對話。但那不應該是你的最終目標。

　　這只是整個大局面中的一小部分。梅森玻璃罐中裝的東西並沒有涵蓋廢棄物上游製造的垃圾。我們實際上處理的垃圾跟人類實際製造的垃圾量相比，只是滄海一粟。正因如此，我們更必須要持續推動體系的改變。

　　零廢棄物生活不是競賽。不是要你試圖勝過某個人，或比較誰可以把自己的垃圾量減到最低。而是用你的生活與你的行動，對現在的線性經濟發出抗議之聲。是要我們自己、其他人跟地球建立連結。是要我們的生活方式更配合自然的節奏，並且學會人的快樂關鍵不在我們擁有多少物品，而是了解我們的周遭有哪些真正重要的人事物，像是家人、朋友跟新的體驗。在現今的世界，你能夠做的最劇烈改變，就是學會知足。

　　減少你的消費、修理你已經擁有的物品、支持你的本地社區。這些都是大局面中的一部分。我們必須要讓更多人都遵循這些原則，才能真的做出實際的改變，但我們一定辦得到！我們正在努力。全世界有數萬人努力地要減少對地球的負擔。

　　如果你覺得很沮喪失志，因為你覺得自己做得不夠完美，我要你記住，你光是開始嘗試零廢棄物生活就已經很棒了。我會一直鼓

勵支持你，因為你朝零廢棄物踏出的每一步都是很正確的一步。

零廢棄物不是要要求你完美；而是請你做出更好的選擇。

謝辭

我在寫這本書的過程中，還在公司裡面全職工作，同時還要全職在 goingzerowaste.com 工作。如果沒有我超棒的老公，賈斯汀的全力支持，我一定沒辦法把書寫完。他一直在我身邊，拿著我們的容器出門外帶食物，整理家務，更別說他還給了我很多精神上的支持。有時候當我不是很順，寫不太出來，只想投降，他總是能夠讓我冷靜下來，讓我休息一下，再用全新的角度來看事物。我對你萬分感激！

我也要感謝超棒的零廢棄物社群，以及良心作家與創作者，他們給了我很多支持。我透過寫作跟聚會認識了好幾位好朋友。謝謝你們張開雙臂歡迎我，對我那麼和善，給了我很多協助跟正向力量。

當然，我也要謝謝我超棒的父母，吉娜跟吉姆，他們也很支持我！他們兩位是我見過最會解決問題的人，而且永遠都樂於幫助他人。我好愛你們。

我也要感謝我兩位老闆，如此支持零廢棄物的運動。你很難找到一個（更別說兩個）會如此支持你實踐夢想的老闆！更難得的是，他們還願意讓你離職，讓你更成功。謝謝你們，喬許跟麥特。謝謝你們這麼棒。

謝謝每位在 The Countryman Press 工作的同仁，但特別要謝謝奧羅菈・貝爾引導我寫出我的第一本書。同時也要謝謝我的經紀人艾美・樂凡森。她真的是握著我的手，幫助我一步步把寫作計劃弄出來。如果沒有妳們兩位，這一切根本就不可能。

最後，我也要感謝我的祖母。我把這本書獻給她。雖然您已經不在我們身邊，但我知道您一定會為我感到驕傲。我每一天都因您而受到啟發。您一直支持我對戲劇跟藝術的熱愛。我每次去找您，我們都會在星期五晚上一起去看經典電影音樂劇。您是我的英雄，也是我見過最酷的人。（說真的，如果我們有機會到外頭一起喝咖啡，請讓我跟你們談談我家祖母為伊莉莎白・泰勒辦的宴會，或她怎麼放棄一切，全力投入慈善工作，或是她為了兒童糧食計劃（Food for Kids）供應物資，在山邊跌斷兩條腿，還爬回自己的卡車，把物資送到後再自己開車到醫院，這都還是她畢生經歷中的一小部分而已。）我希望，在我的這一生，我可以擁有您的一些慷慨大方與韌性。幾句話實在無法描繪出您的好，但我希望您會知道我很感激您給我的一切。

作者簡介

　　凱特琳·肯洛是 Going Zero Waste 網站的創辦人。這個生活型態網站旨在幫助個人過更圓滿更環保的生活。

　　她在 20 歲的時候曾罹患乳癌，也因此開始研究她吃跟用的產品，並且慢慢調整，讓自己可以過更健康的生活，其中包含避免含內分泌干擾素的產品，例如：一些美容產品、清潔用品、塑膠等。她從阿肯色州搬到加州後，看到街上的垃圾，她忽然體悟到，為了個人健康而避免使用的產品，同時也是對地球健康有害的產品。

　　她想要創辦一個網站，幫助人們做出對自己、對地球都更好的選擇。不管這些人是住在比較進步的加州或大家仍然得自己開車把回收垃圾載到鎮上的阿肯色州。零廢棄物生活的目標是要打破完美的概念。沒有所謂的完美。零廢棄物是一群人在他們自己所在之處盡力而為。而肯洛的目標是要鼓勵大家改變，不管你的改變幅度是大是小都好。

　　肯洛曾經花兩年的時間進行實驗，收集自己所有的垃圾。最後的結果是，她所有的垃圾可以裝進一個 16 盎司（約 450 毫升）的梅森玻璃罐。

　　英國衛報、有線電視新聞網（CNN）、瑪莎·史都華、福斯、美國全國公共廣播電台（NPR）、美國新聞都曾大幅報導她的努力，而她現在也擔任國家地理無塑膠生活的代言人。

　　她開始寫這本書的時候，跟她先生賈斯汀與他們的狗狗娜拉，一起住在灣區的小屋子裡。她當時也在公司裡面擔任全職工作。現在他們搬到比較大一點的房子，因為兩個人結婚第一年，住在那麼

小的房子真的很辛苦，或者娜拉可能會說：「汪！」她目前全職在
家工作，非常快樂。

想像力實驗室：

鍛鍊發想力的 33 個思考實驗

最簡單易懂的思考實驗入門書第 2 彈！
哇～～原來思考這麼有趣！

★ 本書為《思考實驗室》系列的第二彈，主打鍛鍊想像力。隨著年齡的增長，思考及想像力也會變得凝滯，透過思考實驗不僅能鍛鍊及發揮腦力，也是重新認識自己的契機，動腦後大腦反而更感到舒暢。

★ 內文搭配精美插圖及貼心的思考提示，讓頭腦比較僵硬的、覺得思考很麻煩的人閱讀起來也都沒有壓力。

★ 專為大眾讀者設計的內容，不艱澀，能盡情靈活地發揮思考能力！

透過這些思考實驗能讓我們從過去的經歷中聯想到可能發生的未來，事先運轉自己的思考；或從許多微小的案例中預測嚴重的事故，而想辦法防範未然等等，能實際活用在各式各樣的場面上。

歡迎來到想像力實驗室！這裡有顛覆價值觀的 33 種思考實驗，一起來一口氣拓展你的思考廣度，找到以前從未發現的新思維吧！

北村良子◎著
定價：350 元

人生沒有如果，堅持就有好結果

（全新書衣典藏版）

人的生命「要上」或「要下」，全看自己的抉擇。
放棄了，一無所有；堅持到底，就能邁向高峰！

★ 全書分為五大章 28 小節，用生活週遭人事物及各領域成功人物的奮鬥故事為例，引導讀者正向思考！

★ 收錄各式自我激勵的成功信念標語，鼓勵每個人認真彩繪自己的生命天空，為自己打造完勝的美好人生。

★ 全新水彩風格內頁設計，名言佳句搭配輕鬆短文，字字珠璣、句句雋永，是新世代最振奮人心的勵志療育作品！

　　擅長用生活週遭人事物及各領域成功人物的奮鬥故事舉例的戴晨志老師，將在本書中提出 28 則讓你堅持信念、邁向成功之路的自勵心法，引導正在各領域奮鬥、自我懷疑或徬徨的人，正向思考、積極行動！

　　成功沒有捷徑，「專注」是成功的必要條件；而勇氣，是成功的動力。

戴晨志◎著
定價：350 元

國家圖書館出版品預行編目資料

0 垃圾：101 個減塑、回收、手作與再利用的 0 垃圾
生活訣竅。/ 凱瑟琳・肯洛（Kathryn Kellogg）著 .
－－ 初版 . － － 臺中市：晨星 , 2020.10
面； 公分 . － －（勁草生活；476）
譯自：101 ways to go zero waste
ISBN 978-986-5529-18-5（平裝）
1. 家政 2. 廢棄物利用 3. 生活指導
421.4 109007131

勁草生活 476

0 垃圾：

101 個減塑、回收、手作與再利用的 0 垃圾生活訣竅。

作者	凱瑟琳 ・ 肯洛（Kathryn Kellogg）
譯者	李姿瑩
編輯	李俊翰、楊皓禎
校對	李俊翰、楊皓禎
封面設計	陳瑞德
內頁設計編排	張蘊方

創辦人 陳銘民
發行所 晨星出版有限公司
台中市 407 工業區 30 路 1 號
TEL：04-23595820 FAX：04-23550581
E-mail：service@morningstar.com.tw
http://www.morningstar.com.tw
行政院新聞局局版台業字第 2500 號

歡迎掃描 QR CODE
填線上回函

法律顧問 陳思成律師
初版 西元 2020 年 10 月 01 日 1 刷

總經銷 知己圖書股份有限公司
106 台北市大安區辛亥路一段 30 號 9 樓
TEL：02-23672044 / 23672047 FAX：02-23635741
407 台中市西屯區工業 30 路 1 號 1 樓
TEL：04-23595819 FAX：04-23595493
E-mail：service@morningstar.com.tw
網路書店 http://www.morningstar.com.tw

訂購專線 02-23672044
郵政劃撥 15060393（知己圖書股份有限公司）
印刷 上好印刷股份有限公司

定價 350 元

ISBN 978-986-5529-18-5
101 Ways to Go Zero Waste

書名：**0垃圾：**101個減塑、回收、手作與再利用的0垃圾生活訣竅。

姓名：_____

性別：□男 □女　生日：　　/　　/

教育程度：_____

職業：□學生 □公教人員 □服務業 □醫藥護理 □製造業 □電子資訊 □企業主管
　　　□軍警消 □文化/媒體 □主婦 □農林漁牧 □自由業 □作家 □其他

E-mail：_____

聯絡電話：_____

聯絡地址：□□□_____

· 誘使您購買此書的原因？

□ 於 _____書店尋找新知時　□ 看 _____報/雜誌時瞄到

□ _____電台 DJ 熱情推薦　□ 親朋好友拍胸脯保證　□ 受海報或文案吸引

□ 電子報或晨星勵志館部落格/粉絲頁　□ 看 _____部落格版主推薦

□ 其他編輯萬萬想不到的過程：_____

· 您覺得本書在哪些規劃上還需要加強或是改進呢？

□ 封面設計　　□ 版面編排　　□ 字體大小　　□ 內容
□ 文/譯筆　　□ 其他

· 美好的事物、聲音或影像都很吸引人，但究竟是怎樣的書最能吸引您呢？

□ 價格殺紅眼的書　□ 內容符合需求　□ 贈品大碗又滿意　□ 我誓死效忠此作者
□ 晨星出版，必屬佳作！ □ 千里相逢，即是有緣 □ 其他原因，請務必告訴我們！

_____

· 請寫下閱讀本書的心得、建議或想對戴老師說的話：

_____

_____

_____

_____

_____

_____

_____

_____

_____

更方便的購書方式：

1 網站：http://www.morningstar.com.tw

2 郵政劃撥 帳號：15060393
　　　　　戶名：知己圖書股份有限公司
　　請於通信欄中註明欲購買之書名及數量

3 電話訂購：如為大量團購可直接撥客服專線洽詢

◎ 如需詳細書目可上網查詢或來電索取。

◎ 客服專線：02-23672044　傳眞：02-23635741

◎ 客戶信箱：service@morningstar.com.tw